Desalegn Amenu
Ayantu Nugusa

Entomologia geral

Desalegn Amenu
Ayantu Nugusa

Entomologia geral

Princípios e séries de palestras de Entomologia

ScienciaScripts

Imprint

Cover image: www.ingimage.com

This book is a translation from the original published under ISBN 978-620-7-80831-1.

Publisher:
Sciencia Scripts
is a trademark of
Dodo Books Indian Ocean Ltd. and OmniScriptum S.R.L publishing group

120 High Road, East Finchley, London, N2 9ED, United Kingdom
Str. Armeneasca 28/1, office 1, Chisinau MD-2012, Republic of Moldova, Europe
Printed at: see last page
ISBN: 978-620-8-05227-0

Autores:

Desalegn Amenu (Doutoramento, Microbiologia Aplicada) Ayantu Nugusa (Licenciatura, Biologia Aplicada)

Prefácio

Bem-vindo ao fascinante mundo da Entomologia! Este livro é uma viagem ao reino diversificado e incrível dos insectos, proporcionando uma exploração aprofundada da sua biologia, comportamento, ecologia e significado nas nossas vidas e ecossistemas.

A entomologia, o estudo dos insectos, cativou a curiosidade humana durante séculos. Desde os mais pequenos escaravelhos até às borboletas com padrões complexos, os insectos desempenham papéis cruciais no nosso ambiente, na agricultura, na medicina e na cultura. Este livro pretende desvendar os mistérios destas pequenas mas poderosas criaturas, lançando luz sobre as suas notáveis adaptações, história evolutiva e interações com outros organismos.

Ao escrever este livro, o nosso objetivo é apresentar um recurso abrangente e acessível para estudantes, investigadores, naturalistas e qualquer pessoa com interesse no mundo dos insectos. Recorremos às mais recentes descobertas e conhecimentos científicos para fornecer informações actualizadas sobre temas como a anatomia, fisiologia, classificação, comportamento, ecologia e conservação dos insectos.

Cada capítulo aborda aspectos específicos da entomologia, oferecendo uma mistura de conhecimentos teóricos, aplicações práticas e anedotas interessantes sobre a diversidade e o comportamento dos insectos. Incluímos também numerosas ilustrações, fotografias e diagramas para melhorar a sua compreensão e apreciação destas criaturas notáveis.

Esperamos que este livro seja um companheiro valioso na sua viagem pelo fascinante reino dos insectos. Quer seja um estudante a iniciar uma carreira científica, um entusiasta da natureza a explorar as maravilhas do mundo natural, ou simplesmente curioso sobre os insectos que zumbem à sua volta, convidamo-lo a mergulhar e a descobrir o extraordinário mundo da Entomologia.

Índice

Capítulo 1: Introdução à Entomologia

A entomologia, o estudo dos insectos, engloba uma vasta gama de disciplinas e tópicos que exploram o mundo intrincado destas criaturas minúsculas mas incrivelmente diversas. Na sua essência, a entomologia é o estudo científico dos insectos e das suas relações com o ambiente, outros organismos e a sociedade humana. Investiga a sua biologia, comportamento, ecologia, fisiologia e os papéis que desempenham em vários ecossistemas. Compreender a entomologia é crucial não só para a curiosidade científica, mas também para aplicações práticas na agricultura, saúde pública, conservação e medicina legal.

O campo da entomologia tem um passado histórico rico, que remonta a civilizações antigas onde os insectos eram observados e documentados pelas suas interações com os seres humanos e o mundo natural. Ao longo do tempo, a entomologia evoluiu para uma disciplina científica formal com contribuições de cientistas e investigadores notáveis que lançaram as bases para os estudos entomológicos modernos. Esta panorâmica histórica fornece informações sobre a forma como a nossa compreensão dos insectos se desenvolveu e expandiu ao longo de séculos de observação, experimentação e investigação.

Um dos aspectos fundamentais da entomologia é a incrível diversidade dos insectos, que constituem o maior grupo de organismos da Terra. Com mais de um milhão de espécies descritas e muitas mais ainda por descobrir, os insectos apresentam uma grande variedade de formas, comportamentos, adaptações e papéis ecológicos. A classificação e categorização desta imensa diversidade é essencial para estudar a sua biologia, evolução e significado ecológico. Os entomologistas utilizam a taxonomia, os sistemas de classificação e as análises filogenéticas para compreender as relações entre as espécies de insectos e a sua história evolutiva.

A morfologia dos insectos, tanto externa como internamente, fornece informações valiosas sobre a sua anatomia, fisiologia e funções vitais. Desde as suas intrincadas estruturas corporais, como a cabeça, o tórax, o abdómen e os apêndices, até aos seus sistemas internos, como a digestão, a circulação, a respiração e o controlo nervoso, o estudo da morfologia dos insectos revela os mecanismos que conduzem às suas estratégias de sobrevivência e adaptação. Além disso, a compreensão da fisiologia e do comportamento dos insectos, incluindo os mecanismos de alimentação, as capacidades sensoriais, a reprodução e os ciclos de vida, esclarece o seu papel ecológico e as interações nos ecossistemas.

A entomologia também abrange tópicos mais vastos, como a ecologia de insectos, a entomologia económica, a entomologia médica e forense, a conservação e os avanços da investigação. A ecologia de insectos explora a forma como os insectos interagem com o seu ambiente, incluindo os seus papéis como polinizadores, predadores, presas e decompositores. A entomologia económica centra-se nos impactos dos insectos na agricultura, na silvicultura e nas actividades humanas, abordando questões como a gestão de pragas, a proteção das culturas e a utilização de insectos benéficos. A entomologia médica e forense estuda o papel dos insectos na transmissão de doenças, em investigações forenses e em contextos legais.

Além disso, a entomologia desempenha um papel crucial na conservação da biodiversidade, uma vez que muitas espécies de insectos são indicadores-chave da saúde ambiental e da estabilidade dos ecossistemas. A preservação da diversidade e dos habitats dos insectos é essencial para manter o equilíbrio ecológico e sustentar os serviços essenciais dos ecossistemas. Além disso, a investigação em curso e os avanços tecnológicos em entomologia continuam a revelar novas descobertas, ferramentas e métodos para estudar os insectos, aumentando os nossos conhecimentos e capacidades neste domínio fascinante.

Olhando para o futuro, a entomologia enfrenta desafios e oportunidades na abordagem de questões emergentes como as alterações climáticas, a perda de habitats, as espécies invasoras e as preocupações com a saúde global. À medida que enfrentamos estes desafios, a entomologia continua a ser uma disciplina científica dinâmica e vital com um imenso potencial para contribuir para a nossa compreensão do mundo natural e para abordar questões sociais e ambientais complexas.

A entomologia é o estudo científico dos insectos e dos artrópodes relacionados. Abrange uma vasta gama de tópicos, incluindo a sua biologia, comportamento, ecologia, classificação, evolução e interações com outros organismos e com o ambiente. Os entomologistas estudam a diversidade, a distribuição e as adaptações dos insectos, bem como o seu papel nos ecossistemas, na agricultura, na saúde pública e nas sociedades humanas.

O âmbito da entomologia é vasto, abrangendo vários aspectos da biologia dos insectos e suas aplicações:

1. **Taxonomia e Sistemática:** Os entomologistas classificam e categorizam os insectos com base na sua morfologia, genética e relações evolutivas. Isto ajuda a compreender a diversidade e a história evolutiva dos insectos.

2. **Anatomia e Fisiologia:** O estudo da anatomia interna e externa dos insectos permite compreender as suas relações estrutura-função, os seus processos fisiológicos e as suas adaptações a diferentes ambientes.

3. **Ecologia e Comportamento:** Os entomologistas investigam as interações entre os insectos e os seus habitats, incluindo o comportamento alimentar, as estratégias de acasalamento, a comunicação, a organização social (em insectos sociais como as formigas e as abelhas) e as respostas às alterações ambientais.
4. **Biologia Evolutiva:** A investigação em entomologia explora os padrões evolutivos, os mecanismos de especiação, a adaptação e a diversificação dos insectos ao longo do tempo.
5. **Interações inseto-planta:** A compreensão da forma como os insectos interagem com as plantas, incluindo a herbivoria, a polinização, a dispersão de sementes e as defesas das plantas contra os herbívoros, é crucial para a agricultura, a conservação e o funcionamento dos ecossistemas.
6. **Entomologia médica e veterinária:** Alguns entomologistas concentram-se em insectos com impacto na saúde humana e animal, tais como vectores de doenças (por exemplo, mosquitos que transmitem a malária ou carraças que transportam a doença de Lyme) e pragas que afectam o gado.
7. **Gestão de pragas:** Os entomologistas desenvolvem estratégias para controlar as pragas de insectos na agricultura, silvicultura, áreas urbanas e produtos armazenados, minimizando o impacto ambiental e promovendo práticas sustentáveis.
8. **Conservação e biodiversidade:** O estudo da biodiversidade dos insectos, da biologia da conservação e dos efeitos da perda de habitat, das alterações climáticas, da poluição e das espécies invasoras contribui para a conservação da diversidade dos insectos e para a

manutenção dos serviços ecossistémicos.

9. **Entomologia forense:** Os entomologistas ajudam nas investigações forenses, utilizando provas de insectos para estimar os intervalos post-mortem, identificar restos mortais e fornecer pistas sobre cenas de crime.

10. **Biotecnologia e biomimética:** Os insectos inspiram inovações tecnológicas, concepções biomiméticas e aplicações biotecnológicas em áreas como a ciência dos materiais, a robótica e a agricultura (por exemplo, utilizando compostos derivados de insectos ou agentes de biocontrolo).

De um modo geral, a entomologia desempenha um papel crucial no avanço dos conhecimentos científicos, na abordagem dos desafios ambientais, na melhoria da segurança alimentar, na gestão dos riscos para a saúde humana e na melhoria da nossa compreensão da biodiversidade e dos sistemas ecológicos.

1.1. Caraterísticas dos artrópodes

Os artrópodes são um grupo diversificado de animais invertebrados que constituem o maior filo do reino animal. Caracterizam-se por várias caraterísticas-chave que os distinguem de outros organismos:

1. **Exosqueleto:** Os artrópodes têm um esqueleto externo feito de um material duro e rígido chamado quitina. Este exoesqueleto fornece apoio, proteção e pontos de fixação para os músculos. Serve também de barreira contra a dessecação e os predadores.

2. **Corpo segmentado:** Os corpos dos artrópodes são segmentados em regiões distintas, muitas vezes referidas como tagmata. Estes

segmentos estão organizados em três secções principais: cabeça, tórax e abdómen. Cada segmento pode ter apêndices como pernas, antenas, peças bucais ou estruturas especializadas.

3. **Apêndices articulados:** Os artrópodes têm membros articulados que permitem uma grande variedade de movimentos. Estes apêndices são especializados em várias funções, como andar, nadar, agarrar, alimentar-se e detetar o ambiente. O número e a disposição dos apêndices variam entre os diferentes grupos de artrópodes.

4. **Simetria Bilateral:** Os artrópodes apresentam simetria bilateral, o que significa que os seus corpos podem ser divididos em duas metades espelhadas ao longo de um plano central. Esta simetria é evidente nas suas partes segmentadas do corpo e nos apêndices emparelhados.

5. **Sistema Circulatório Aberto:** A maioria dos artrópodes tem um sistema circulatório aberto onde o sangue ou hemolinfa flui livremente em cavidades corporais chamadas hemocele. A hemolinfa transporta nutrientes, gases, hormonas e produtos residuais entre tecidos e órgãos. Os insectos e alguns outros artrópodes também têm um coração dorsal para ajudar a circular a hemolinfa.

6. **Órgãos respiratórios:** Os artrópodes respiram através de uma variedade de estruturas respiratórias, incluindo brânquias, traquéias, pulmões em forma de livro e espiráculos. Estes órgãos facilitam as trocas gasosas, permitindo a entrada de oxigénio no corpo e a saída de dióxido de carbono.

7. **Sistema nervoso:** Os artrópodes têm um sistema nervoso bem desenvolvido, com um cérebro dorsal e um cordão nervoso ventral. Órgãos sensoriais como olhos compostos, olhos simples (ocelos),

antenas e pêlos quimiossensoriais ajudam-nos a perceber o que os rodeia, a detetar alimentos, a localizar parceiros e a evitar predadores.

8. **Metamorfose:** Muitos artrópodes sofrem metamorfose durante o seu ciclo de vida, passando por fases distintas como ovo, larva, pupa e adulto. O tipo de metamorfose (por exemplo, completa ou incompleta) varia entre os diferentes taxa de artrópodes.

9. **Diversas estratégias de reprodução:** Os artrópodes utilizam várias estratégias reprodutivas, incluindo a reprodução sexual com fertilização interna ou externa, a partenogénese (reprodução assexuada) e comportamentos complexos de cortejamento. Podem pôr ovos, dar à luz crias vivas ou exibir cuidados parentais.

10. **Sucesso ecológico:** Os artrópodes são incrivelmente bem sucedidos e diversificados, ocupando quase todos os habitats da Terra. Desempenham papéis cruciais nos ecossistemas como polinizadores, decompositores, predadores, presas e simbiontes. A sua adaptabilidade, reprodução rápida e estilos de vida diversificados contribuem para o seu sucesso evolutivo e ecológico.

O exosqueleto dos artrópodes é uma caraterística notável que contribui significativamente para a sua sobrevivência e sucesso. Aqui estão alguns pontos-chave sobre o exoesqueleto dos artrópodes:

1. **Composição:** O exoesqueleto dos artrópodes é composto principalmente por um polissacárido complexo chamado quitina, que é um material duro e resistente. A quitina fornece suporte estrutural e proteção ao corpo do artrópode.

2. **Função:** O exosqueleto tem várias funções essenciais:

   - **Apoio e proteção:** Fornece uma estrutura rígida que suporta o corpo e protege os órgãos internos de danos físicos e tensões ambientais.

- **Fixação dos músculos:** Os músculos ligam-se a pontos específicos do exoesqueleto, permitindo que os artrópodes movam os seus membros e segmentos corporais.
- **Evita a dessecação:** O exosqueleto actua como uma barreira contra a perda de água (dessecação), reduzindo a perda de humidade do corpo.
- **Defesa:** Em muitos artrópodes, o exoesqueleto pode ter estruturas especializadas, como espinhos, espigões ou defesas químicas que dissuadem predadores ou parasitas.

3. **Segmentação:** O exoesqueleto é frequentemente dividido em segmentos distintos que correspondem aos segmentos do corpo do artrópode. Estes segmentos permitem a flexibilidade e o movimento entre as partes do corpo.
4. **Mudança:** Os artrópodes passam por um processo chamado muda ou ecdise para crescer e perder o seu exoesqueleto. Durante a muda, o exoesqueleto antigo é eliminado e um novo exoesqueleto, maior, forma-se por baixo. A muda é essencial para acomodar o crescimento e as mudanças no desenvolvimento dos artrópodes.
5. **Cutícula e esclerotização:** A camada mais externa do exoesqueleto é chamada de cutícula, que consiste em quitina e proteínas. A cutícula pode sofrer esclerotização, um processo que endurece e fortalece certas regiões do exoesqueleto, como as garras, mandíbulas ou outras estruturas de proteção.

6. **Funções sensoriais:** O exoesqueleto também pode desempenhar um papel nas funções sensoriais. Por exemplo, os pêlos especializados (cerdas) no exoesqueleto podem detetar vibrações, tato ou sinais químicos do ambiente.

7. **Adaptações:** Os artrópodes desenvolveram várias adaptações relacionadas com o seu exosqueleto, tais como:

    - **Asas:** Alguns artrópodes modificaram o seu exosqueleto para formar asas, permitindo-lhes voar.

    - **Camuflagem:** Certas espécies podem mudar a cor ou a textura do seu exoesqueleto para se misturarem com o ambiente, proporcionando camuflagem dos predadores.

    - **Estruturas leves:** Nos artrópodes aquáticos, como os crustáceos, o exosqueleto pode ter estruturas leves ou câmaras cheias de ar para manter a flutuabilidade na água.

De um modo geral, o exoesqueleto é uma caraterística fundamental que contribui para a notável diversidade, adaptabilidade e sucesso dos artrópodes em vários habitats e nichos ecológicos.

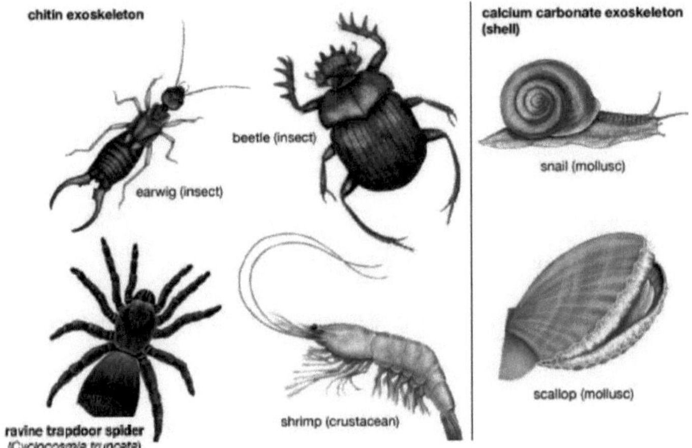

Figura 1: Estruturas e esqueleto dos artrópodes

Segmentação e Tagmata em Artrópodes

1. **Segmentação:**
   - Os artrópodes apresentam um plano corporal segmentado, em que os seus corpos estão divididos em unidades repetitivas chamadas segmentos.
   - A segmentação permite a flexibilidade, a mobilidade e a especialização das regiões do corpo, contribuindo para o sucesso e a diversidade dos artrópodes.
2. **Tagmata:**
   - Os corpos dos artrópodes estão organizados em tagmata distintos, que são regiões maiores compostas por múltiplos segmentos fundidos entre si para funções específicas.
   - Os três tagmata primários da maioria dos artrópodes são a cabeça, o tórax e o abdómen.

Cabeça:

- O tagma da cabeça contém órgãos sensoriais, estruturas de alimentação e componentes neurais.
- **Órgãos sensoriais:** Os artrópodes têm olhos compostos, antenas (antenas) e outras estruturas sensoriais na cabeça para detetar luz, químicos, vibrações e outros estímulos.
- **Estruturas de alimentação:** As peças bucais, como as mandíbulas, maxilas e lábio, estão localizadas na cabeça e estão adaptadas a vários comportamentos alimentares, incluindo morder, mastigar, sugar e filtrar.
- **Componentes neurais:** O cérebro e os gânglios nervosos associados às funções sensoriais e motoras estão concentrados na região da cabeça.

Tórax:

- O tagma do tórax é responsável pela locomoção e pode ter apêndices especializados para o movimento.
- **Apêndices:** Os artrópodes têm normalmente apêndices articulados, chamados patas, ligados ao tórax, utilizados para andar, correr, saltar, nadar ou escavar, dependendo da espécie.
- **Asas:** Nos artrópodes voadores, como os insectos, o tórax pode também ter asas, que são apêndices modificados especializados para o voo.
- **Fusão de segmentos:** Em muitos artrópodes, os segmentos do tórax estão fundidos, proporcionando estabilidade e força para a locomoção.

Abdómen:

- O tagma do abdómen está envolvido na digestão, reprodução e respiração dos artrópodes.
- **Sistema digestivo:** Órgãos como o estômago, os intestinos e os órgãos reprodutores estão localizados no abdómen, onde ocorre o processamento dos alimentos e a absorção dos nutrientes.
- **Estruturas reprodutivas:** Os órgãos reprodutores masculinos e femininos, incluindo as gónadas e as glândulas acessórias, estão frequentemente localizados no abdómen para a produção de gâmetas e o acasalamento.
- **Órgãos respiratórios:** Alguns artrópodes têm estruturas respiratórias, como brânquias ou pulmões em forma de livro no abdómen, para as trocas gasosas.

Apêndices e estruturas especializadas:

- Cada segmento do corpo de um artrópode pode ter apêndices ou estruturas especializadas adaptadas a funções específicas.
- Os apêndices podem incluir pernas para andar, nadar ou agarrar; antenas para deteção; peças bucais para alimentação; garras ou pinças para defesa ou manipulação; e órgãos reprodutores para acasalamento e reprodução.

- As estruturas especializadas podem incluir glândulas produtoras de seda nas aranhas, ferrões nas abelhas e vespas, pás de natação nos crustáceos e fiandeiras nas aranhas para a construção de teias.

Resumo:

Os artrópodes apresentam um plano corporal segmentado com tagmata constituído pela cabeça, tórax e abdómen. Cada tagma desempenha funções distintas relacionadas com a perceção sensorial, a alimentação, a locomoção, a reprodução e a respiração. A segmentação e a organização dos corpos dos artrópodes, juntamente com os seus diversos apêndices e estruturas especializadas, contribuem para a sua adaptabilidade, sucesso ecológico e diversidade evolutiva.

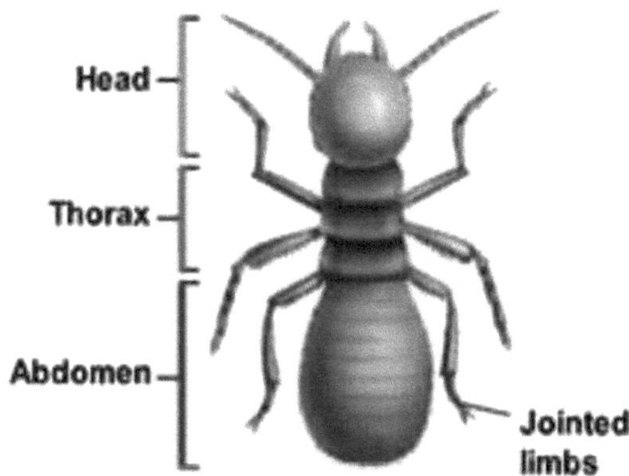

Figura 2: Corpo segmentado dos artrópodes

Apêndices articulados nos artrópodes

1. **Grande variedade de movimentos:**
   - Os artrópodes possuem apêndices articulados que permitem uma diversidade notável de movimentos, incluindo andar, correr, saltar, nadar, voar, escavar, agarrar e manipular objectos.
   - A capacidade de flexão, extensão, rotação e articulação destes apêndices confere aos artrópodes uma agilidade e uma versatilidade excepcionais no seu ambiente.
2. **Funções especializadas:**
   - **Andar e correr:** Muitos artrópodes, como os insectos e as aranhas, utilizam as suas pernas articuladas para andar e correr

em vários substratos, incluindo terra, água e ar.

- **Natação:** Os artrópodes aquáticos, como os crustáceos e alguns insectos, adaptaram apêndices como as nadadeiras, estruturas semelhantes a remos ou pernas modificadas para uma natação eficiente.
- **Agarrar:** Os artrópodes, como os crustáceos, os aracnídeos e alguns insectos, têm apêndices especializados, como pinças, garras ou quelíceras, para agarrar, manipular presas ou objectos.
- **Alimentação:** As peças bucais, incluindo mandíbulas, maxilas, lábios e probóscide, são apêndices articulados adaptados a vários comportamentos alimentares, como morder, mastigar, sugar, perfurar, raspar e filtrar.
- **Perceção sensorial:** As antenas (antennae) e outras estruturas sensoriais nos apêndices permitem aos artrópodes detetar e responder a estímulos ambientais como químicos, vibrações, temperatura, humidade e som.

3. **Número e disposição:**

- O número, tamanho, forma e disposição dos apêndices articulados variam muito entre os diferentes grupos de artrópodes, reflectindo os seus diversos papéis ecológicos e adaptações evolutivas.
- Os insectos têm normalmente seis patas (hexápodes), os aracnídeos têm oito patas (octópodes), os crustáceos podem ter um número variável de patas e apêndices, dependendo da

espécie, e os miriápodes (centopeias e milípedes) têm vários pares de patas ao longo dos segmentos do corpo.

  - A especialização dos apêndices também varia, com algumas patas modificadas para andar, outras para nadar ou escavar, e apêndices adicionais para alimentação, acasalamento ou defesa.

Importância evolutiva:

- Os apêndices articulados são uma inovação evolutiva fundamental que contribuiu para o sucesso e a diversidade dos artrópodes em habitats terrestres, aquáticos e aéreos.
- A versatilidade dos apêndices articulados permite que os artrópodes ocupem uma vasta gama de nichos ecológicos, explorem diversas fontes de alimento, escapem aos predadores e se envolvam em comportamentos complexos, como a corte e a comunicação.

Adaptações e diversidade:

- Os artrópodes exibem uma diversidade notável de adaptações de apêndices articulados, incluindo estruturas especializadas como antenas, peças bucais, patas que andam, apêndices nadadores, garras, espinhos e asas.
- Estas adaptações reflectem os desafios ecológicos e as oportunidades que os artrópodes enfrentam em diferentes ambientes, impulsionando a sua inovação e diversificação evolutivas.

Resumo:

Os apêndices articulados são uma caraterística que define os artrópodes, proporcionando-lhes uma vasta gama de movimentos e funções especializadas cruciais para a sua sobrevivência e sucesso em diversos habitats. O número, a disposição e as adaptações destes apêndices variam entre os grupos de artrópodes, reflectindo a sua história evolutiva, nichos ecológicos e estratégias adaptativas.

1.2. As principais caraterísticas e o seu sucesso

Os insectos são um dos grupos de animais mais bem sucedidos da Terra, tanto em termos de diversidade de espécies como de biomassa. O seu sucesso pode ser atribuído a várias caraterísticas fundamentais:

Principais caraterísticas dos insectos

1. **Exosqueleto**:
   - Composto principalmente por quitina, um exoesqueleto fornece proteção contra danos físicos e dessecação.
   - Oferece pontos de fixação para os músculos, facilitando o movimento.
2. **Corpo segmentado**:
   - Dividido em três partes principais: cabeça, tórax e abdómen.
   - Cada segmento pode especializar-se e adaptar-se a diferentes funções, aumentando a sua sobrevivência.
3. **Apêndices articulados**:
   - Especializados para várias funções, como locomoção (patas), alimentação (mandíbulas) e deteção (antenas).
4. **Tamanho**:
   - São geralmente pequenos, o que lhes permite explorar uma variedade de nichos ecológicos e requerem menos recursos.

5. **Capacidade reprodutiva**:
   - A fecundidade elevada e os tempos de geração curtos permitem um crescimento rápido da população e a sua adaptabilidade.
6. **Metamorfose**:
   - Dois tipos: incompleto (hemimetabólico) e completo (holometabólico).
   - A metamorfose completa (por exemplo, borboletas) permite a divisão das fases de vida em nichos não competitivos (larvas vs. adultos).
7. **Sistemas sensoriais e nervosos**:
   - Olhos compostos, antenas e outros órgãos sensoriais altamente desenvolvidos ajudam a detetar sinais ambientais.
   - Sistema nervoso sofisticado para processar informação sensorial e coordenar comportamentos complexos.
8. **Voo**:
   - A evolução das asas permitiu que os insectos escapassem aos predadores, encontrassem novos habitats e explorassem diferentes fontes de alimento.

Factores que contribuem para o seu sucesso

1. **Habitats diversos**:
   - Os insectos podem ser encontrados em quase todos os habitats da Terra, desde as profundezas dos oceanos até às altas montanhas, incluindo ambientes extremos.
2. **Adaptabilidade**:
   - Capaz de evoluir rapidamente em resposta a alterações

ambientais, dando origem a uma grande variedade de formas e comportamentos.

3. **Funções ecológicas**:
   - Desempenham funções críticas como polinizadores (abelhas), decompositores (escaravelhos) e fontes de alimento para outros animais.
   - As suas interações com as plantas (por exemplo, polinização, herbivoria) conduzem à coevolução, aumentando a biodiversidade.
4. **Estruturas sociais**:
   - Alguns insectos (por exemplo, abelhas, formigas, térmitas) formam colónias sociais complexas com divisão de trabalho, melhorando a sobrevivência e a eficiência.
5. **Defesas químicas e comunicação**:
   - Utilizam uma vasta gama de substâncias químicas para defesa (por exemplo, toxinas, repelentes) e comunicação (por exemplo, feromonas).
6. **Resiliência**:
   - Muitos insectos conseguem resistir a condições adversas através de comportamentos como a diapausa (um período de desenvolvimento suspenso) e a produção de ovos ou pupas resistentes.

Em resumo, as caraterísticas anatómicas, as estratégias reprodutivas e os papéis ecológicos dos insectos contribuem significativamente para o seu extraordinário sucesso e omnipresença no mundo natural. A sua capacidade de adaptação a uma vasta gama de ambientes e nichos ecológicos assegura o seu domínio contínuo na Terra.

Capítulo 2: Anatomia externa dos insectos

Introdução à anatomia externa dos insectos

Os insectos são uma classe de artrópodes e constituem o grupo de animais mais diversificado da Terra, com mais de um milhão de espécies descritas. Uma das chaves do seu sucesso é a sua anatomia externa especializada e altamente adaptável. A compreensão da anatomia externa dos insectos é crucial para o estudo do seu comportamento, ecologia, fisiologia e evolução. Esta anatomia pode ser dividida em três regiões principais: a cabeça, o tórax e o abdómen, cada uma das quais com estruturas e funções distintas que contribuem para a sobrevivência e adaptabilidade do inseto.

Componentes principais da anatomia externa dos insectos

1. **Cabeça**:
   - A cabeça é o centro de entrada sensorial e de ingestão de alimentos. Alberga o cérebro e os principais órgãos sensoriais, como as antenas e os olhos, e inclui peças bucais especializadas adaptadas a várias estratégias de alimentação.
2. **Tórax**:
   - O tórax é o centro locomotor do inseto, composto por três segmentos: o protórax, o mesotórax e o metatórax. Cada segmento tem normalmente um par de patas, e os dois últimos segmentos suportam frequentemente asas. O tórax é, portanto, parte integrante do movimento do inseto e da sua capacidade de explorar o seu ambiente.
3. **Abdómen**:
   - O abdómen contém os órgãos digestivos, excretores e reprodutores. É geralmente composto por vários segmentos,

proporcionando flexibilidade e albergando várias estruturas como espiráculos para a respiração e, nalgumas espécies, cercos e ovipositores.

Visão geral pormenorizada de cada região

1. Cabeça

A cabeça é crucial para a interação de um inseto com o seu ambiente. As principais estruturas incluem:

- **Antenas**: Órgãos sensoriais que detectam substâncias químicas, vibrações e toque físico.
- **Olhos**: Os olhos compostos proporcionam um amplo campo de visão e detectam o movimento, enquanto os ocelos (olhos simples) detectam a intensidade da luz.
- **Aparelhos bucais**: Adaptadas à dieta do inseto, podem servir para mastigar, sugar, perfurar ou esponjar.

2. Tórax

O tórax foi concebido para a mobilidade e inclui:

- **Pernas**: Três pares, cada um adaptado a diferentes funções, como andar, saltar ou nadar.
- **Asas**: Normalmente dois pares, com variações consoante a espécie. As asas são usadas para voar, mas em algumas espécies, as asas anteriores podem ser modificadas para proteção.

3. Abdómen

O abdómen suporta as funções internas vitais e inclui:

- **Segmentos**: Normalmente dez ou mais, cada um com a sua própria função.

- **Espiráculos**: Aberturas para o sistema respiratório, permitindo a troca de gases.
- **Estruturas reprodutivas**: Como o ovipositor nas fêmeas para a postura de ovos.

Importância da anatomia externa no sucesso dos insectos

A anatomia externa dos insectos é essencial para o seu sucesso ecológico. Caraterísticas como um exoesqueleto protetor, órgãos sensoriais especializados e capacidades de locomoção versáteis permitem-lhes prosperar numa vasta gama de ambientes. As suas estratégias reprodutivas, auxiliadas por estruturas externas especializadas, permitem uma fecundidade elevada e uma rápida adaptação a condições variáveis. Além disso, a capacidade de voar, presente em muitos insectos, proporciona uma vantagem significativa na procura de alimento, de parceiros e na fuga aos predadores.

Em resumo, a anatomia externa dos insectos é um testemunho do seu sucesso evolutivo, apresentando um conjunto notável de adaptações que lhes permite habitar quase todos os cantos do planeta. A compreensão destas caraterísticas anatómicas permite compreender os seus diversos estilos de vida e o seu papel fundamental nos ecossistemas.

2.1. O Integumento dos Insectos

O tegumento, ou revestimento exterior, dos insectos é uma estrutura complexa que desempenha um papel vital na proteção, apoio e interação com o ambiente. É composto por várias camadas e é constituído principalmente por quitina, um polímero de cadeia longa de N-acetilglucosamina, que proporciona resistência e flexibilidade. O tegumento é um componente essencial do exoesqueleto dos insectos

2.1.1. Camadas do sistema tegumentar nos insectos

O sistema tegumentar dos insectos, que forma o seu exoesqueleto, é uma estrutura complexa e multicamada composta por várias camadas distintas, cada uma com funções especializadas. Aqui está uma visão alargada das camadas, subcamadas e dos seus papéis específicos na anatomia dos insectos:

1. **Epicutícula**

A epicutícula é a camada mais externa do tegumento e, embora seja muito fina, desempenha um papel fundamental na proteção do inseto contra os desafios ambientais.

- **Camada de cimento**:
    - o **Composição**: Uma camada fina e superficial composta por lípidos e outras moléculas complexas.
    - o **Função**: Proporciona uma proteção adicional e ajuda a evitar que as camadas subjacentes sejam danificadas. Também ajuda a impermeabilizar a cutícula, reduzindo a perda de água.
- **Camada de cera**:
    - o **Composição**: É constituído por ceras e lípidos.
    - o **Função**: Actua como uma barreira de água para evitar a dessecação, mantendo a hidratação no corpo do inseto. Proporciona também alguma proteção contra a penetração de produtos químicos e a abrasão.
- **Camada de cuticulina**:
    - o **Composição**: Uma camada de lipoproteínas que formam uma matriz complexa.

o **Função**: Fornece integridade estrutural à epicutícula, ajudando a manter a forma do exoesqueleto e oferecendo uma base para as outras camadas.

- **Epicutícula externa**:

o **Composição**: Inclui lipoproteínas adicionais e, por vezes, polifenóis.

o **Função**: Reforça ainda mais a barreira protetora, contribuindo para a rigidez e durabilidade da cutícula.

2. **Procutícula**

A procutícula encontra-se por baixo da epicutícula e é muito mais espessa, consistindo em duas subcamadas distintas que proporcionam força e flexibilidade.

- **Exocutícula**:

o **Composição**: Composto por fibras de quitina embebidas numa matriz proteica que sofre esclerotização (um processo de endurecimento através da ligação cruzada de proteínas).

o **Função**: Proporciona rigidez e resistência ao exoesqueleto, permitindo que o inseto mantenha a sua forma e oferecendo proteção contra danos mecânicos. É crucial para o suporte estrutural necessário à fixação dos músculos.

- **Endocutícula**:

o **Composição**: Contém quitina e proteínas, mas é menos esclerotizada que a exocutícula, tornando-a mais flexível e macia.

o **Função**: Oferece elasticidade, permitindo que o inseto se mova e se flexione. Actua como um amortecedor entre a exocutícula rígida e os tecidos mais moles por baixo, absorvendo choques e fornecendo apoio sem ser frágil.

3. **Epiderme**

A epiderme é a única camada celular do tegumento e desempenha um papel ativo na manutenção e renovação do exosqueleto.

- **Composição**: Uma única camada de células epiteliais.
  - o **Função**: Responsável pela secreção dos materiais que formam a cutícula, incluindo quitina, proteínas e outras substâncias. As células epidérmicas sintetizam e secretam os componentes da epicutícula e da procutícula durante o processo de muda (ecdise). Também estão envolvidas na produção de pigmentos e outros compostos que dão aos insectos a sua coloração e padrões, que podem ser importantes para a camuflagem, atração de parceiros e sinais de aviso.

4. **Membrana de cave**

A membrana basal é a camada mais interna do tegumento, situada por baixo da epiderme.

- **Composição**: Uma camada fina e fibrosa constituída por colagénio e outras proteínas.

  - o **Função**: Fornece suporte estrutural à epiderme, ancorando-a aos tecidos subjacentes. Também actua como uma barreira selectiva, regulando a troca de materiais entre as células epidérmicas e a hemolinfa (o sangue do inseto). Esta regulação é vital para o fornecimento de nutrientes, a remoção de resíduos e a manutenção da homeostase celular global.

Estruturas integumentares adicionais

Para além das camadas principais, o tegumento também apresenta estruturas especializadas que melhoram a sua funcionalidade:

1. **Setae (cerdas) e escamas**:
    - **Setae**: estruturas semelhantes a pêlos que podem funcionar na perceção sensorial, defesa e isolamento.
    - **Escamas**: Encontradas em insectos como as borboletas e as traças, fornecem coloração, ajudam na termorregulação e, por vezes, oferecem um certo grau de proteção.
2. **Glândulas**:
    - **Função**: Produzir várias substâncias, como feromonas para comunicação, químicos defensivos para proteção contra predadores ou seda para a construção de casulos ou teias.
3. **Espirais**:
    - **Função**: Aberturas no exoesqueleto que se ligam ao sistema traqueal, permitindo a troca de gases. Os espiráculos podem abrir e fechar para regular o fluxo de ar e minimizar a perda de água.

Adaptações funcionais do tegumento

O sistema tegumentar é altamente adaptável e varia entre as espécies de insectos para se adequar a diferentes nichos ecológicos:

- **Insectos aquáticos**: Muitas vezes têm cutículas impermeáveis e estruturas para reter o ar, facilitando a respiração debaixo de água.
- **Insectos do deserto**: Possuem epicutículas melhoradas para minimizar a perda de água, permitindo-lhes sobreviver em condições

áridas.

- **Insectos escavadores**: Possuem cutículas mais espessas e robustas para proteção contra ambientes abrasivos.
- **Insectos voadores**: Apresentam cutículas leves mas fortes que permitem um voo eficiente sem comprometer a proteção.

Conclusão

O sistema tegumentar dos insectos é uma estrutura multifacetada fundamental para a sua sobrevivência e sucesso. Cada camada e estrutura especializada do tegumento serve funções específicas que contribuem para a proteção, apoio, perceção sensorial e adaptabilidade. Este sistema complexo permite que os insectos se desenvolvam numa grande variedade de ambientes, demonstrando o seu sucesso evolutivo e versatilidade ecológica.

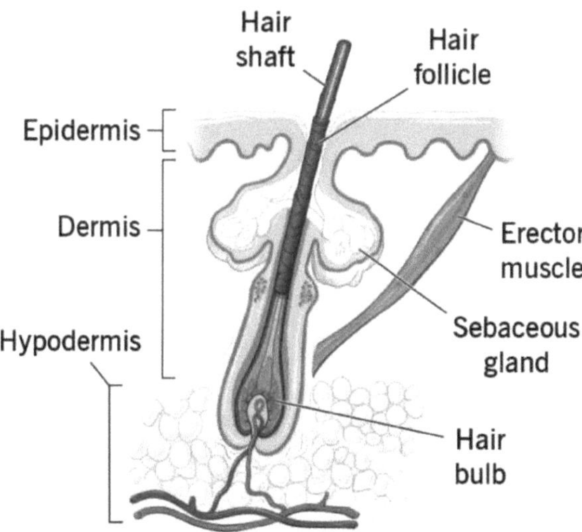

Figura 3: Camadas dos tegumentos dos insectos

Principais componentes estruturais

1. **Chitina**:

   - **Estrutura**: Um polissacárido constituído por unidades de N-acetilglucosamina. Forma cadeias longas e fibrosas que estão dispostas numa matriz.

   - **Função**: Fornece resistência e flexibilidade. Na procutícula, as fibras de quitina são reticuladas com proteínas para melhorar as propriedades mecânicas da cutícula.

2. **Proteínas**:

   - **Proteínas esclerotizadas**: Estas proteínas sofrem um processo chamado esclerotização, onde formam ligações cruzadas, resultando numa estrutura dura e rígida.

   - **Proteínas não esclerotizadas**: Proporcionam flexibilidade e elasticidade, especialmente na endocutícula.

3. **Lípidos e ceras**:

   - Encontrados principalmente na epicutícula, estes compostos criam uma barreira hidrofóbica que impede a perda de água e oferece proteção contra produtos químicos ambientais.

4. **Compostos fenólicos**:

   - Por vezes presentes na epicutícula externa, estes compostos contribuem para o endurecimento e escurecimento da cutícula.

Integração funcional

A integração destes componentes estruturais permite que o tegumento dos insectos desempenhe múltiplas funções:

- **Proteção**: Contra danos físicos, agentes patogénicos e dessecação.
- **Apoio e movimento**: Fornece pontos de fixação para os músculos e permite um movimento flexível mas robusto.
- **Entrada sensorial**: Alojamento de estruturas sensoriais como as cerdas e as sensilas que ajudam o inseto a interagir com o seu ambiente.
- **Crescimento e desenvolvimento**: Permite a queda e a renovação periódicas através da muda (ecdise), facilitada pela natureza dinâmica da camada epidérmica.

2.1.2. Fisiologia do Integumento nos Insectos

O tegumento, ou exoesqueleto, dos insectos é uma estrutura complexa, com várias camadas, que serve uma variedade de funções fisiológicas essenciais para a sobrevivência, crescimento e adaptação do inseto. Aqui está uma exploração detalhada dos aspectos fisiológicos do tegumento dos insectos:

Funções de proteção

1. **Barreira contra danos físicos**:
   - A exocutícula, com as suas proteínas endurecidas e esclerotizadas, constitui uma barreira protetora resistente que protege os órgãos internos do inseto de lesões mecânicas.
2. **Proteção química**:
   - A epicutícula, com as suas camadas de cera e lípidos, oferece proteção contra os produtos químicos nocivos, impedindo a

penetração de substâncias tóxicas e reduzindo o risco de danos químicos.

3. **Defesa contra agentes patogénicos**:

   - O tegumento actua como a primeira linha de defesa contra os agentes patogénicos. A barreira física, combinada com péptidos antimicrobianos segregados pela epiderme, ajuda a prevenir infecções por bactérias, fungos e outros microrganismos.

Funções de regulamentação

1. **Regulamentação da água**:

o A camada de cera da epicutícula é crucial para minimizar a perda de água, manter o estado de hidratação do inseto e permitir a sobrevivência em ambientes secos. Esta barreira hidrofóbica reduz a dessecação ao impedir a evaporação da água da superfície do corpo.

2. **Regulação da temperatura**:

   - O tegumento, particularmente nos insectos com escamas (como as borboletas), pode refletir ou absorver calor, ajudando na termoregulação. A coloração e as caraterísticas estruturais podem ajudar os insectos a gerir a sua temperatura corporal, reflectindo o excesso de calor ou retendo o calor.

3. **Respiração**:

   - Os espiráculos, aberturas no tegumento, estão ligados ao sistema traqueal e facilitam as trocas gasosas. Podem abrir e fechar para regular o fluxo de ar e minimizar a perda de água, equilibrando a necessidade de oxigénio com o risco de dessecação.

Funções sensoriais

1. **Receção sensorial**:

    - O tegumento está equipado com várias estruturas sensoriais, como as cerdas (projecções semelhantes a pêlos) e as sensilas (órgãos sensoriais). Estas estruturas detectam estímulos mecânicos, químicos e térmicos, permitindo aos insectos responder eficazmente ao seu ambiente.

2. **Comunicação química**:

    - As glândulas do tegumento podem produzir feromonas e outras substâncias químicas de sinalização. Estas substâncias desempenham papéis vitais na comunicação, nos comportamentos de acasalamento e nas interações sociais das populações de insectos.

Crescimento e desenvolvimento

1. **Muda (Ecdise)**:

    - Os insectos crescem ao perderem periodicamente o seu exoesqueleto, num processo designado por muda ou ecdise. A epiderme secreta enzimas que digerem as camadas internas da cutícula antiga, enquanto novas camadas de cutícula são sintetizadas por baixo. O exoesqueleto antigo é então eliminado e a cutícula nova e maior expande-se e endurece.
    - Este processo é regulado por hormonas, principalmente a ecdisona, que desencadeia a muda, e a hormona juvenil, que assegura o desenvolvimento adequado em cada fase.

Suporte e movimento estrutural

1. **Fixação muscular**:

   - A rigidez do exocutícula fornece pontos de ancoragem para a fixação muscular. Este suporte estrutural permite um movimento efetivo, incluindo andar, voar e outros comportamentos locomotores.
   - A flexibilidade do endocutícula permite a articulação das articulações, facilitando o movimento sem comprometer a integridade estrutural.

2. **Integridade estrutural**:

   - A composição multicamada do tegumento, com a sua combinação de camadas duras e flexíveis, assegura simultaneamente a resistência e a elasticidade. Este equilíbrio permite que os insectos resistam a várias tensões físicas, mantendo a sua mobilidade.

Camuflagem e defesa

1. **Coloração e padrões**:

   - Os pigmentos e a coloração estrutural do tegumento podem proporcionar camuflagem, ajudando os insectos a misturarem-se no seu ambiente e a evitarem os predadores. Em alternativa, as cores vivas podem servir de sinais de aviso (aposematismo) para dissuadir os predadores, indicando toxicidade ou impalatabilidade.
   - O mimetismo, em que os insectos se assemelham a outros objectos ou organismos, é outra estratégia defensiva facilitada pela coloração e padrão do tegumento.

2. **Mecanismos de defesa física**:

   - Alguns insectos desenvolveram estruturas especializadas como espinhos, cerdas e áreas endurecidas no seu tegumento que proporcionam uma defesa adicional contra predadores e riscos ambientais.

Conclusão

A fisiologia do tegumento dos insectos é um testemunho da adaptabilidade e do sucesso evolutivo dos insectos. Esta estrutura complexa não só protege e suporta o inseto, como também desempenha papéis cruciais na perceção sensorial, comunicação, crescimento e desenvolvimento. A compreensão das funções multifacetadas do tegumento realça a intrincada relação entre estrutura e função nestes organismos notáveis, permitindo-lhes prosperar em diversos ambientes.

2.2. Principais regiões do corpo e segmentação dos insectos

Os insectos, tal como a maioria dos artrópodes, apresentam um plano corporal distinto caracterizado por três regiões principais do corpo: a cabeça, o tórax e o abdómen. Cada uma destas regiões é composta por segmentos específicos, e a segmentação desempenha um papel crucial na anatomia, movimento e funcionalidade do inseto.

2.2.1. Estrutura da cabeça do inseto

A cabeça dos insectos é uma região especializada que alberga órgãos sensoriais essenciais, estruturas de alimentação e componentes neurais cruciais para a sobrevivência, comunicação e comportamento dos insectos. Vamos aprofundar a estrutura, a disposição e as funções da cabeça dos insectos:

1. **Exosqueleto (cutícula)**:

   - A cabeça é coberta por um exosqueleto protetor feito de quitina e proteínas. Esta cutícula fornece suporte estrutural e serve de barreira contra danos físicos e agentes patogénicos.

2. **Antenas**:

   - A maioria dos insectos tem um par de antenas ligadas à cabeça.
   - **Estrutura**: As antenas são apêndices segmentados cobertos por estruturas sensoriais como as cerdas (pêlos) e as sensilas (órgãos sensoriais).
   - **Função**: As antenas detectam substâncias químicas (cheiro e sabor), tato, humidade, temperatura e até movimentos do ar, fornecendo informações vitais sobre o ambiente.

3. **Olhos**:

   - Os insectos podem ter olhos compostos, olhos simples (ocelos) ou uma combinação de ambos.
   - **Olhos compostos**:
     - Composto por numerosas unidades individuais chamadas ommatidia, cada uma com a sua lente e células fotorreceptoras.
     - Proporcionam um amplo campo de visão e são adequados para detetar movimentos e distinguir cores.
   - **Olhos simples (Ocelli)**:
     - Encontram-se normalmente num grupo de três na cabeça.

- Principalmente sensíveis a mudanças na intensidade da luz e ajudam na orientação, especialmente durante o voo.

4. **Aparelhos bucais**:
   - As peças bucais dos insectos são muito diversas e adaptadas a várias estratégias de alimentação.
   - **Aparelhos bucais mastigadores**:
     - São constituídos por mandíbulas e maxilas utilizadas para morder e mastigar alimentos sólidos.
   - **Bocas sugadorasZPiercing**:
     - Adaptados para perfurar tecidos vegetais, sugar fluidos ou alimentar-se de outros insectos. Podem incluir estiletes ou probóscide para se alimentarem.
   - **Aparelhos bucais de esponja**:
     - Presentes em insectos que se alimentam de substâncias líquidas, como o néctar ou o sangue. Têm uma estrutura semelhante a uma esponja para absorver fluidos.
5. **Aberturas genitais**:
   - Em alguns insectos, as aberturas genitais estão localizadas na cabeça, especialmente nos machos, onde estão associadas a estruturas e funções reprodutivas.

Disposição da cabeça do inseto

1. **Suturas cefálicas**:

   - Divisões internas da cabeça que correspondem à fusão de segmentos individuais durante o desenvolvimento.
   - Estas suturas nem sempre são visíveis externamente, mas delimitam as fronteiras das diferentes regiões da cabeça.

2. **Posição das antenas e dos olhos**:

   - As antenas estão normalmente localizadas dorsalmente na cabeça, enquanto os olhos podem estar posicionados lateralmente, dorsalmente ou anteriormente, dependendo da espécie de inseto.

3. **Arranjo de boca**:

   - A disposição das peças bucais varia significativamente entre os grupos de insectos em função dos seus hábitos alimentares e nichos ecológicos.
   - As peças bucais podem ser direcionadas para a frente (prognatas), para baixo (hipognatas) ou para trás (opistognatas), influenciando o comportamento e a eficiência da alimentação.

Funções da cabeça dos insectos

1. **Perceção sensorial**:

   - As antenas detectam odores, substâncias químicas, vibrações e sinais ambientais, ajudando os insectos a localizar alimentos, parceiros e habitats adequados.
   - Os olhos fornecem informações visuais cruciais para a navegação, deteção de predadores, reconhecimento de parceiros e comunicação através de sinais visuais (por exemplo,

exibições de cortejamento).

2. **Alimentação e nutrição**:

   - As peças bucais estão adaptadas a várias estratégias de alimentação, permitindo que os insectos se alimentem de uma vasta gama de fontes alimentares, incluindo tecidos vegetais, néctar, sangue e outros insectos.
   - As peças bucais especializadas facilitam uma alimentação eficiente e contribuem para o papel ecológico dos insectos como herbívoros, predadores ou necrófagos.

3. **Comunicação**:

   - As cabeças dos insectos desempenham um papel na comunicação através da produção e receção de sinais químicos (feromonas) utilizados para acasalamento, marcação de territórios e aviso de perigo aos co-específicos.
   - Os sinais visuais, como os movimentos do corpo e os padrões de cor na cabeça, também contribuem para a comunicação entre as populações de insectos.

4. **Funções mecânicas**:

   - A cabeça alberga estruturas neurais vitais, incluindo o cérebro (gânglios cerebrais), que processa a informação sensorial, coordena as funções motoras e controla comportamentos complexos.
   - Os locais de fixação muscular na cabeça permitem movimentos precisos das peças bucais, antenas e outros apêndices essenciais para a alimentação, higiene e locomoção.

5. **Reprodução**:

- Nalgumas espécies de insectos, a cabeça está envolvida em comportamentos reprodutivos, tais como rituais de cortejamento, exibições de acasalamento e a transferência de gâmetas durante a cópula.

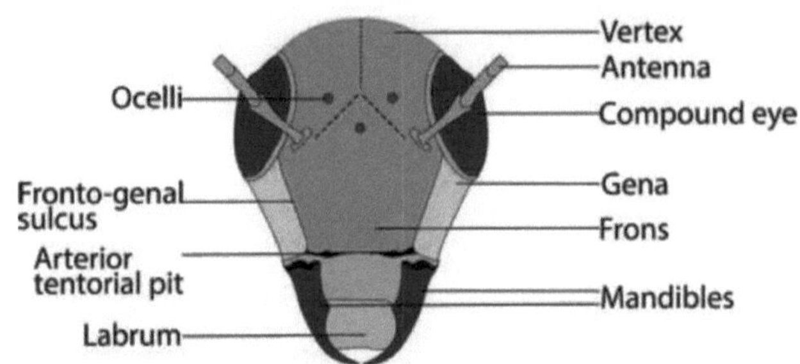

Figura 4: Estruturas da cabeça dos insectos

O tórax de um inseto é uma região do corpo altamente especializada, situada entre a cabeça e o abdómen. Desempenha um papel crucial na locomoção, na respiração e alberga importantes órgãos internos. Vamos aprofundar a estrutura, a organização e as funções do tórax dos insectos:

2.2.2. Estrutura do tórax dos insectos

1. **Segmentos**:

- O tórax é composto por três segmentos:

    - **Protórax**: Segmento anterior, onde se encontra o primeiro par de patas (anteriores ou anteriores nas larvas) e, por vezes, as asas.

- **Mesotórax**: O segmento médio, normalmente com o segundo par de patas e asas nos insectos alados.

- **Metatórax**: Segmento posterior que contém o terceiro par de patas e, nos insectos alados, as asas posteriores.

2. **Exosqueleto (cutícula)**:

   o Tal como o resto do corpo dos insectos, o tórax é coberto por um exoesqueleto protetor feito de quitina e proteínas. O exosqueleto fornece suporte estrutural e pontos de fixação para os músculos.

2. **Locais de fixação muscular**:

   O tórax é o principal local de fixação dos músculos do inseto, especialmente os responsáveis pelo movimento. Os músculos que controlam as pernas, as asas e outros apêndices torácicos estão ligados a estruturas internas do tórax.

3. **Aberturas respiratórias (espiráculos)**:

   o Os espiráculos, aberturas no exoesqueleto, permitem a entrada de ar no sistema respiratório do inseto (sistema traqueal) para a troca de gases. Os espiráculos estão normalmente localizados nos lados do tórax.

4. **Asas**:

   o Nos insectos alados, o mesotórax e o metatórax possuem asas. Estas asas estão ligadas a estruturas internas denominadas músculos das asas e são essenciais para o voo, a dispersão e o acasalamento.

Organização do tórax dos insectos

1. **Estruturas internas**:

   - No tórax, existem estruturas internas que facilitam o movimento e apoiam as funções vitais:

     Músculos de voo: Nos insectos voadores, os poderosos músculos de voo ligados às asas permitem movimentos de voo rápidos e controlados.

     - **Músculos das pernas**: Os músculos que controlam os movimentos das pernas estão ligados aos segmentos torácicos, permitindo andar, saltar, trepar e outros comportamentos locomotores.
     - **Tubos traqueais**: Os tubos traqueais do sistema respiratório estendem-se para dentro do tórax, fornecendo oxigénio aos músculos e a outros tecidos internos.

2. **Sistema nervoso**:

   - O tórax alberga gânglios (aglomerados de corpos celulares nervosos) que fazem parte do sistema nervoso central do inseto. Estes gânglios coordenam as funções motoras e recebem informações sensoriais das pernas, asas e outras estruturas torácicas.

Funções do tórax dos insectos

1. **Locomoção**:

   - A principal função do tórax é facilitar o movimento. Os músculos ligados aos segmentos torácicos controlam o movimento das pernas, asas e outros apêndices, permitindo que os insectos andem, corram, saltem, voem ou nadem, dependendo das suas adaptações e estilo de vida.

- A ação coordenada dos músculos torácicos e do sistema nervoso central permite movimentos precisos e ágeis, essenciais à sobrevivência e à fuga dos predadores.

2. **Voo**:
   - Nos insectos alados, o tórax desempenha um papel central no voo. Poderosos músculos de voo ligados ao mesotórax e ao metatórax contraem-se ritmicamente, fazendo com que as asas se movam e gerando a elevação e a propulsão necessárias para o voo sustentado.
   - Os movimentos das asas são finamente afinados e coordenados, permitindo aos insectos navegar em ambientes aéreos complexos e realizar manobras de voo complexas.

3. **Respiração**:
   - Os espiráculos localizados no tórax permitem a entrada de ar no sistema traqueal do inseto. O oxigénio do ar difunde-se através dos tubos traqueais e chega aos tecidos do corpo, enquanto o dióxido de carbono produzido durante a respiração celular sai do corpo através do mesmo sistema.
   - Mecanismos respiratórios eficientes no tórax suportam as elevadas exigências metabólicas dos insectos voadores e de outras espécies activas.

4. **Apoio aos órgãos internos**:

- O tórax fornece uma estrutura e suporte para os órgãos internos, como o sistema digestivo, os órgãos reprodutores e partes do sistema nervoso. Esta organização interna assegura o funcionamento correto dos processos fisiológicos vitais.

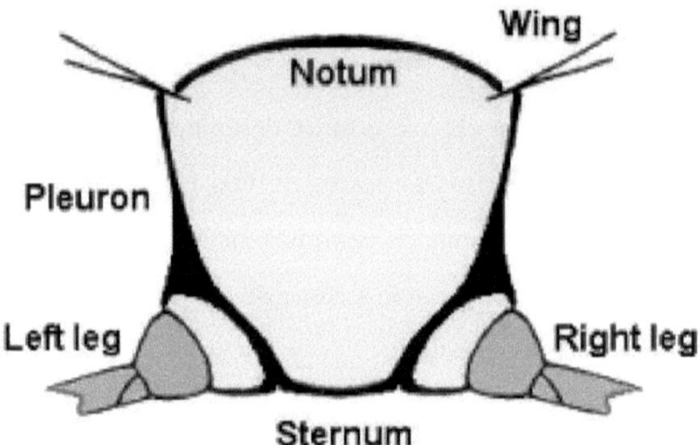

Figura 5: Estrutura do tórax dos insectos

O abdómen de um inseto é uma região vital do corpo, localizada posteriormente ao tórax, e desempenha papéis essenciais na digestão, reprodução, respiração e eliminação de resíduos. Vamos explorar a estrutura, a organização e as principais estruturas do abdómen dos insectos:

2.2.2. Estrutura do abdómen dos insectos

1. **Segmentos**:

- O abdómen é normalmente composto por 10 segmentos na maioria dos insectos, embora o número possa variar significativamente entre espécies.
- Cada segmento é geralmente delimitado por marcas externas visíveis denominadas tergitos (placas dorsais) e esternitos

(placas ventrais).

2. **Exosqueleto (cutícula)**:

   - Tal como o tórax e a cabeça, o abdómen é coberto por um exoesqueleto feito de quitina e proteínas. Esta cutícula fornece proteção, suporte e pontos de fixação para os músculos.

3. **Órgãos internos**:

   - O abdómen alberga os órgãos internos vitais responsáveis pela digestão, reprodução, excreção e respiração.
   - **Sistema Digestivo**: Inclui o intestino anterior (peças bucais, esófago, papo e proventrículo), o intestino médio (estômago e glândulas digestivas) e o intestino posterior (intestino, reto e ânus).
   - **Órgãos reprodutores**: Os órgãos reprodutores masculinos e femininos estão localizados no abdómen, incluindo testículos, ovários, órgãos genitais, glândulas acessórias e ovipositores (nas fêmeas).
   - **Sistema respiratório**: Os tubos traqueais estendem-se até ao abdómen, facilitando as trocas gasosas e fornecendo oxigénio aos tecidos internos.
   - **Sistema excretor**: Os túbulos de Malpighi, que removem os resíduos metabólicos e regulam o equilíbrio osmótico, estão localizados na cavidade abdominal.

Organização do abdómen dos insectos

1. **Segmentação**:

    - Embora a segmentação externa do abdómen possa nem sempre ser aparente, internamente, cada segmento abdominal tem um conjunto distinto de músculos, nervos e órgãos internos.
    - Alguns segmentos podem ser especializados para funções específicas, como a postura de ovos (ovipositor nas fêmeas) ou a produção de sons (órgãos estridulatórios em certos insectos).

2. **Estruturas internas**:

    - **Sistema nervoso**: Os gânglios (aglomerados de células nervosas) no abdómen fazem parte do sistema nervoso central do inseto, coordenando a entrada sensorial, as funções motoras e as actividades dos órgãos internos.
    - **Músculos**: Os músculos abdominais controlam os movimentos dos órgãos internos, tais como as contracções do aparelho digestivo para o processamento dos alimentos e o movimento das estruturas reprodutoras durante o acasalamento e a postura dos ovos.

Principais estruturas do abdómen dos insectos

1. **Órgãos genitais**:

    - Os órgãos genitais masculinos incluem testículos para a produção de esperma, glândulas acessórias para a secreção de fluido seminal e estruturas externas para a transferência de esperma durante o acasalamento.
    - Os órgãos genitais femininos incluem ovários para o desenvolvimento dos ovos, ovidutos para o transporte dos ovos

e um ovipositor (em algumas espécies) para a postura dos ovos.

- As estruturas reprodutivas são muitas vezes altamente especializadas e podem apresentar adaptações complexas para a cópula, fertilização e oviposição.

2. **Órgãos digestivos**:
   - O intestino médio e o intestino grosso, situados no abdómen, são responsáveis pela digestão dos alimentos, pela absorção dos nutrientes e pela eliminação dos resíduos.
   - As glândulas digestivas produzem enzimas e outras substâncias para ajudar na digestão, enquanto o intestino grosso processa o material não digerido e remove a matéria fecal.
3. **Estruturas respiratórias**:
   - Os tubos traqueais estendem-se dos espiráculos (aberturas externas) até ao abdómen, fornecendo oxigénio diretamente aos tecidos internos e removendo o dióxido de carbono.
   - Alguns insectos podem ter sacos de ar, que aumentam a eficiência respiratória e suportam taxas metabólicas elevadas.
4. **Sistema excretor**:
   - Os túbulos de Malpighi, situados na cavidade abdominal, filtram os resíduos da hemolinfa (sangue dos insectos) e transportam-nos para o intestino grosso para serem eliminados.
   - Estes túbulos desempenham um papel crucial na manutenção do equilíbrio osmótico, na remoção de resíduos azotados e na regulação dos níveis de fluidos no corpo do inseto.

Funções do abdómen dos insectos

1. **Reprodução**:
   - O abdómen alberga os órgãos reprodutores e as estruturas essenciais para o acasalamento, a fertilização e a postura dos ovos. Desempenha um papel central no ciclo de vida do inseto e na dinâmica populacional.
2. **Digestão e nutrição**:
   - Os órgãos digestivos no abdómen processam os alimentos ingeridos, decompõem os nutrientes e absorvem moléculas essenciais para a energia, o crescimento e o desenvolvimento.
3. **Respiração**:
   - Os tubos traqueais no abdómen facilitam as trocas gasosas, assegurando o fornecimento de oxigénio aos tecidos internos e a remoção do dióxido de carbono produzido durante o metabolismo.
4. **Excreção**:
   - O sistema excretor, incluindo os túbulos de Malpighi, remove os resíduos metabólicos e mantém o equilíbrio osmótico, contribuindo para a homeostase global do corpo do inseto.
5. **Produção de som e comunicação**:
   - Alguns insectos utilizam estruturas abdominais para a produção de som (estridulação), comunicação e sinalização, particularmente em rituais de acasalamento, defesa territorial e interações sociais.

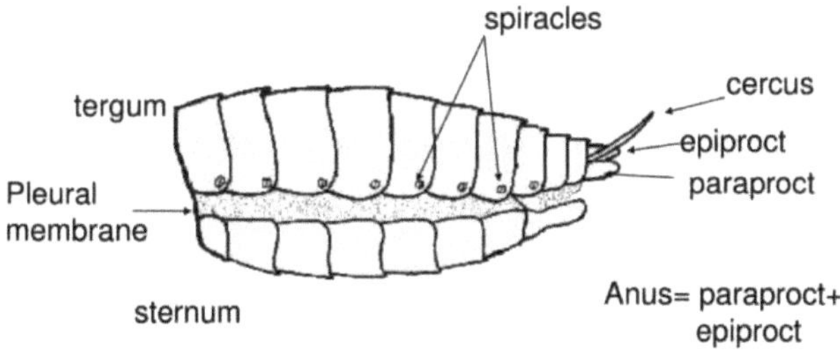

Figura 6: Estrutura do abdómen dos insectos

Capítulo 3: Anatomia interna e fisiologia dos insectos

Os insectos, que constituem um grupo vasto e diversificado de artrópodes, apresentam adaptações notáveis na sua anatomia e fisiologia internas que contribuíram para o seu sucesso ecológico e resiliência evolutiva. A compreensão dos meandros das estruturas e funções internas dos insectos é crucial para vários domínios, como a entomologia, a ecologia, a agricultura e a medicina.

Destaques do tema

1. **Plano corporal e segmentação**: Os insectos possuem um plano corporal distinto caracterizado por três regiões principais - cabeça, tórax e abdómen - cada uma com estruturas e funções específicas. A segmentação dos seus corpos desempenha um papel vital na sua flexibilidade, movimento e especialização de órgãos.

2. **Sistema Circulatório**: Ao contrário dos vertebrados, os insectos têm um sistema circulatório aberto em que a hemolinfa (sangue dos insectos) banha diretamente os órgãos. O coração, a hemocele e os hemócitos são componentes-chave envolvidos no transporte de nutrientes, na remoção de resíduos e nas respostas imunitárias.

3. **Sistema respiratório**: Os insectos utilizam sistemas traqueais e espiráculos para as trocas gasosas, permitindo o fornecimento eficiente de oxigénio aos tecidos e a remoção de dióxido de carbono. Adaptações como o controlo dos espiráculos e a ramificação da traqueia optimizam a eficiência respiratória.

4. **Sistema digestivo**: As peças bucais e o canal alimentar dos insectos apresentam diversas estratégias de alimentação, desde a mastigação até à esponja e à sucção por perfuração. As enzimas digestivas, os compartimentos intestinais e os mecanismos de absorção de nutrientes

contribuem para uma digestão eficiente e para a aquisição de energia.

5. **Sistema nervoso**: O sistema nervoso dos insectos inclui um sistema nervoso central (gânglios, cordões nervosos) e estruturas periféricas (órgãos sensoriais, nervos). A entrada sensorial, a coordenação motora e as respostas comportamentais são orquestradas por vias neurais e sinalização química.
6. **Sistema reprodutor**: Os insectos apresentam diversas estratégias reprodutivas, com órgãos reprodutores masculinos e femininos especializados. Os comportamentos de acasalamento, os mecanismos de fertilização e as adaptações para a oviposição variam muito entre as espécies de insectos.
7. **Sistema endócrino**: As hormonas desempenham um papel crucial no desenvolvimento dos insectos (muda, metamorfose), na reprodução e na regulação fisiológica. O sistema endócrino coordena o crescimento, o metabolismo e as mudanças comportamentais ao longo do ciclo de vida de um inseto.
8. **Sistema excretor**: Os túbulos de Malpighi e as estruturas do intestino grosso são essenciais para a eliminação de resíduos, a osmorregulação e a manutenção da homeostase interna. A excreção dos insectos envolve processos de filtração, reabsorção e secreção.
9. **Sistema imunitário**: Os insectos possuem defesas imunitárias inatas, incluindo péptidos antimicrobianos, hemócitos e respostas de melanização. Estes mecanismos protegem contra agentes patogénicos, parasitas e invasores estrangeiros.
10. **Adaptações e Estratégias de Sobrevivência**: Os insectos apresentam adaptações notáveis a diversos ambientes, incluindo termorregulação,

especialização sensorial, adaptações locomotoras e mecanismos de defesa como o mimetismo e as defesas químicas.

3.1. O plano corporal dos insectos e o significado da segmentação

O plano corporal dos insectos é caracterizado por três regiões distintas: a cabeça, o tórax e o abdómen. Estas regiões são compostas por segmentos que são geralmente visíveis externamente, delimitados por marcas cuticulares. A segmentação é um aspeto fundamental da biologia dos insectos com implicações significativas na sua fisiologia, comportamento e sucesso evolutivo.

1. Segmentação em insectos

1. **Estrutura da carroçaria segmentada**:
   - o Os insectos apresentam uma estrutura corporal segmentada, em que o corpo está dividido numa série de unidades repetitivas chamadas segmentos.
   - o Cada segmento tem normalmente uma disposição semelhante de órgãos internos, músculos, nervos e estruturas cuticulares.
2. **Marcações exteriores**:
   - o Externamente, a segmentação é muitas vezes visível através da presença de placas ou escleritos distintos denominados tergitos (dorsal) e esternitos (ventral).
   - o Estas marcações indicam os limites entre segmentos adjacentes e contribuem para a flexibilidade e mobilidade globais do inseto.
3. **Padrões de segmentação**:
   - o O número e a disposição dos segmentos variam entre as espécies

de insectos, reflectindo adaptações a nichos ecológicos e estilos de vida específicos.

- Os segmentos da cabeça, tórax e abdómen podem diferir em tamanho, forma e especialização funcional com base na sua localização e história de desenvolvimento.

2. **Importância da segmentação na biologia dos insectos**

   1. **Flexibilidade e movimento**:

      - A segmentação proporciona aos insectos um elevado grau de flexibilidade e mobilidade, permitindo-lhes navegar em diversos ambientes, escapar aos predadores e participar em comportamentos especializados.

      - A natureza articulada dos segmentos e a presença de membranas flexíveis entre eles permitem uma vasta gama de movimentos, incluindo andar, voar, nadar e escavar.

   2. **Organização Especialização**:

      - Cada segmento do corpo do inseto pode albergar órgãos ou sistemas específicos adaptados a funções particulares.

      - Por exemplo, os segmentos torácicos contêm músculos e estruturas essenciais para a locomoção (pernas e asas), enquanto os segmentos abdominais albergam frequentemente órgãos digestivos, reprodutores e excretores.

   3. **Plasticidade do desenvolvimento**:

      - A segmentação desempenha um papel crucial no desenvolvimento dos insectos, especialmente durante as fases de crescimento, como a muda e a metamorfose.

- o As larvas e ninfas podem apresentar números ou estruturas de segmentos diferentes dos adultos, reflectindo o seu estádio de desenvolvimento e as suas necessidades fisiológicas.

4. **Compartimentação funcional**:
   - o A segmentação permite a compartimentação funcional no corpo do inseto, contribuindo cada segmento para processos fisiológicos específicos ou funções adaptativas.
   - o Esta compartimentação aumenta a eficiência em tarefas como a digestão, a respiração, a reprodução e a perceção sensorial.
5. **Diversificação evolutiva**:
   - o A natureza modular dos planos corporais segmentados facilitou a diversificação evolutiva nos insectos, conduzindo a uma grande variedade de espécies com adaptações especializadas.
   - o A segmentação fornece uma estrutura para a variação genética e morfológica, contribuindo para a notável diversidade e sucesso dos insectos em vários habitats e ecossistemas.

Em resumo, a segmentação é uma caraterística fundamental do plano corporal dos insectos que está na base da sua notável adaptabilidade, diversidade funcional e resiliência evolutiva. A compreensão do significado da segmentação na biologia dos insectos permite compreender a sua anatomia, fisiologia, comportamento e interações ecológicas.

O sistema digestivo dos insectos é um sistema anatómico e fisiológico especializado, responsável pelo processamento dos alimentos, pela extração de nutrientes e pela eliminação de resíduos. É constituído por vários órgãos e estruturas interligados que trabalham em conjunto para facilitar a digestão, a absorção e a excreção. Vamos explorar os componentes e as funções do sistema digestivo dos insectos:

3.2. Componentes do sistema digestivo dos insectos

1. **Aparelhos bucais**:

   o Os insectos têm diversas peças bucais adaptadas a várias estratégias de alimentação:

   - Aparelhos bucais mastigadores (mandíbulas e maxilas) para morder e triturar alimentos sólidos.
   - Partes bucais perfurantes-sugadoras (estiletes ou probóscide) para extração de líquidos ou fluidos.
   - Aparelhos bucais esponjosos para absorver líquidos, como néctar ou sangue.

2. **Antebraço**:

   o O intestino anterior inclui a boca, o esófago, o papo e o proventrículo (moela) em alguns insectos.

   o As funções do intestino anterior incluem:

   - Desagregação mecânica dos alimentos (trituração na moela).
   - Armazenamento de alimentos ingeridos na cultura.
   - Início da digestão enzimática (podem estar presentes enzimas salivares).

3. **Intestino médio**:

   o O intestino médio (estômago) é o principal local de digestão e absorção de nutrientes.

- o Principais estruturas e funções do intestino médio:
  - ■ Enzimas digestivas (por exemplo, proteases, lipases, hidratos de carbono) segregadas pelas glândulas do intestino médio.
  - ■ Absorção de nutrientes digeridos (aminoácidos, açúcares, gorduras) através do epitélio do intestino médio.

4. **Intestino**:

- o O intestino grosso inclui o intestino, o reto e o ânus.
- o As funções do intestino grosso incluem:
  - ■ Absorção adicional de água e iões de alimentos não digeridos.
  - ■ Formação e armazenamento de matéria fecal (fração).
  - ■ Eliminação de resíduos (fezes) através do ânus.

Processos no Sistema Digestivo dos Insectos

1. **Ingestão**:

- o Os insectos consomem os alimentos através das suas peças bucais, que estão adaptadas aos seus hábitos alimentares específicos (por exemplo, mastigação, sucção, esponja).
- o Os alimentos podem ser ingeridos na forma sólida, líquida ou em partículas suspensas.

2. **Digestão mecânica**:

   - A digestão mecânica começa no intestino anterior, onde os processos de mastigação ou trituração quebram as partículas de alimentos em fragmentos mais pequenos.
   - Alguns insectos, como os herbívoros, utilizam estruturas especializadas (por exemplo, mandíbulas, moela) para uma digestão mecânica eficiente.

3. **Digestão química**:

   - A digestão enzimática ocorre principalmente no intestino médio, onde as enzimas digestivas decompõem moléculas complexas em formas mais simples que podem ser absorvidas.
   - As glândulas salivares, as glândulas do intestino médio e outros tecidos digestivos segregam enzimas como as amilases, proteases e lipases.

4. **Absorção de nutrientes**:

   - Os nutrientes digeridos, incluindo aminoácidos, açúcares, ácidos gordos e vitaminas, são absorvidos através do revestimento epitelial do intestino médio.
   - A absorção é facilitada por proteínas de transporte e estruturas celulares especializadas (microvilosidades) que aumentam a área de superfície para a absorção de nutrientes.

5. **Eliminação de resíduos**:

   - As partículas alimentares não digeridas, os materiais indigestos e os resíduos metabólicos passam para o intestino grosso para serem processados.

- o A água e os iões são reabsorvidos no intestino grosso e os resíduos sólidos (fezes) são formados e armazenados no reto antes de serem eliminados pelo ânus.

Adaptações e variações nos sistemas digestivos dos insectos

1. **Insectos herbívoros**:
   - o Os insectos herbívoros têm sistemas digestivos especializados adaptados ao material vegetal.
   - o Podem albergar microrganismos simbióticos (por exemplo, bactérias intestinais) que ajudam na digestão da celulose ou na desintoxicação de compostos vegetais.
2. **Insectos carnívoros**:
   - o Os insectos carnívoros consomem tecidos animais ou outros insectos.
   - o Os seus sistemas digestivos podem ter vísceras mais curtas e enzimas especializadas para a digestão de proteínas.
3. **Insectos que se alimentam de fluidos**:
   - o Os insectos que se alimentam de fluidos (por exemplo, mosquitos, pulgões) têm peças bucais adaptadas para perfurar e sugar fluidos.
   - o Os seus sistemas digestivos são eficientes na extração de nutrientes de alimentos líquidos, como a seiva das plantas ou o sangue.
4. **Carniceiros e detritívoros**:
   - o Os insectos necrófagos alimentam-se de matéria orgânica em decomposição, enquanto os detritívoros consomem detritos e

detritos orgânicos.

- Os seus sistemas digestivos estão adaptados para decompor moléculas orgânicas complexas que se encontram em material em decomposição.

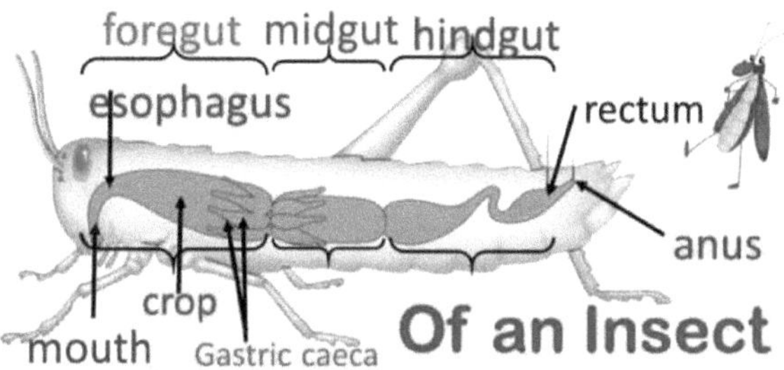

Figura 7: Sistema digestivo dos insectos

3.3. O sistema circulatório

O sistema circulatório dos insectos é um sistema aberto que desempenha um papel crucial no transporte de nutrientes, gases, hormonas e células imunitárias através do corpo do inseto. Ao contrário dos vertebrados com sistemas circulatórios fechados, os insectos têm um sistema circulatório baseado na hemolinfa. Vamos aprofundar os componentes e as funções do sistema circulatório dos insectos:

Componentes do sistema circulatório dos insectos

1. **Hemolinfa**:
   - A hemolinfa é o fluido que circula dentro da cavidade corporal do inseto, chamada hemocelo.
   - É constituído por plasma, que transporta nutrientes, iões,

hormonas e produtos residuais, e hemócitos (células sanguíneas) responsáveis pelas respostas imunitárias e pela coagulação.

2. **Coração**:
   - Os insectos têm um coração tubular localizado dorsalmente ao longo da linha média do abdómen.
   - O coração bombeia a hemolinfa para a frente através do hemocelo, fazendo-a circular por todo o corpo.
3. **Aorta e vasos dorsais**:
   - O coração bombeia a hemolinfa para a aorta, um vaso importante que corre ao longo do lado dorsal do inseto.
   - Os vasos dorsais ramificam-se da aorta e distribuem a hemolinfa para várias regiões do corpo.
4. **Óstia**:
   - Os óstios são aberturas na parede do coração que permitem que a hemolinfa entre nas câmaras cardíacas a partir da hemocele.
   - Válvulas dentro dos óstios impedem o refluxo da hemolinfa.
5. **Seios nasais e espaços**:
   - A hemolinfa flui através dos seios e espaços dentro do hemocelo, banhando diretamente os órgãos internos e os tecidos.
   - A troca de gases, nutrientes e produtos residuais ocorre entre a hemolinfa e as células.

Funções do sistema circulatório dos insectos

1. **Transporte de nutrientes**:
   - A hemolinfa transporta os nutrientes (como açúcares, aminoácidos e lípidos) absorvidos no intestino para as células do corpo do inseto.
   - A hemolinfa do intestino, rica em nutrientes, mistura-se com a hemolinfa de outras regiões do corpo à medida que circula.
2. **Troca de gases**:
   - Os insectos realizam as trocas gasosas diretamente através da sua superfície corporal (sistema traqueal) e não dependem do sistema circulatório para fornecer oxigénio aos tecidos.
   - Contudo, a hemolinfa transporta alguns gases dissolvidos, como o oxigénio e o dióxido de carbono, entre as superfícies respiratórias e as células.
3. **Remoção de resíduos**:
   - A hemolinfa transporta os resíduos metabólicos, como o amoníaco e a ureia, das células para os órgãos excretores (túbulos de Malpighi e intestino grosso) para eliminação.
   - Também transporta outros produtos residuais, como cristais de ácido úrico, para serem excretados.
4. **Transporte de hormonas**:
   - As hormonas produzidas pelas glândulas endócrinas são libertadas na hemolinfa e transportadas para os tecidos ou órgãos-alvo para regular os processos fisiológicos, o desenvolvimento e os comportamentos.

5. **Respostas imunitárias**:

    - Os hemócitos da hemolinfa desempenham um papel crucial na imunidade dos insectos, reconhecendo e fagocitando agentes patogénicos, produzindo péptidos antimicrobianos e participando em reacções de coagulação.

    O sistema circulatório facilita a distribuição de células e moléculas imunitárias para os locais de infeção ou lesão.

Variações e Adaptações nos Sistemas Circulatórios dos Insectos

1. **Adaptações de voo**:

    - Os insectos voadores, como as abelhas e as borboletas, têm adaptações nos seus sistemas circulatórios para suportar as elevadas exigências metabólicas do voo.

    - Durante a atividade de voo, observam-se taxas de circulação mais elevadas e um fornecimento eficiente de nutrientes aos músculos de voo.

2. **Adaptações respiratórias**:

    - Os insectos com estilos de vida aquáticos ou semi-aquáticos, como as larvas aquáticas ou os insectos aquáticos, podem ter adaptações nos seus sistemas circulatórios para aumentar a absorção de oxigénio e facilitar as trocas gasosas na água.

3. **Regulação da temperatura**:

    - Alguns insectos regulam a sua temperatura corporal através de adaptações circulatórias. Por exemplo, as abelhas podem gerar calor através da atividade muscular e fazer circular a hemolinfa quente para manter o voo em condições de frio.

4. **Pressão da hemolinfa**:

- A pressão da hemolinfa pode variar com base nos níveis de atividade e nas condições ambientais. Em alguns insectos, como os gafanhotos, as contracções musculares podem aumentar a pressão da hemolinfa para ajudar na muda ou na locomoção.

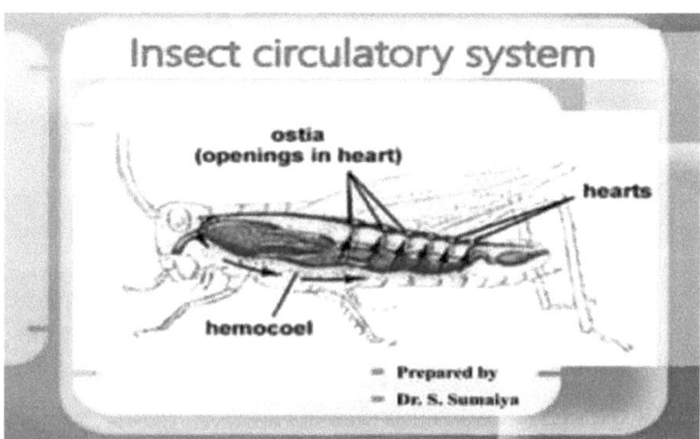

Figura 8: Sistema circulatório dos insectos

O sistema respiratório dos insectos é uma rede altamente eficiente de tubos e traqueias que facilita as trocas gasosas, fornecendo oxigénio às células e removendo o dióxido de carbono. Ao contrário dos vertebrados com pulmões, os insectos utilizam um sistema de tubos internos chamados traqueias para fornecer oxigénio diretamente aos tecidos. Vamos explorar os componentes e as funções do sistema respiratório dos insectos:

3.4. Componentes do sistema respiratório dos insectos

1. **Sistema traqueal**:

O sistema traqueal é constituído por uma rede de tubos chamados traqueias que se ramificam por todo o corpo do inseto.

- As traqueias fornecem ar rico em oxigénio diretamente às células, permitindo uma troca gasosa eficiente.

2. **Espirais**:

   - Os espiráculos são aberturas externas ou poros localizados ao longo dos segmentos do corpo dos insectos.
   - Servem de pontos de entrada e saída de ar no sistema traqueal.

3. **Traqueoles**:

   - As traqueolas são ramos finos e mais pequenos das traqueias que penetram nas células individuais, levando o oxigénio diretamente às mitocôndrias para a respiração celular.
   - As trocas gasosas ocorrem através das paredes da traqueia e das membranas celulares.

Processos no sistema respiratório dos insectos

1. **Movimento do ar**:

   - O ar entra no sistema respiratório através das espirais quando estas estão abertas.

   O movimento do ar para dentro e para fora dos espiráculos é controlado por válvulas e esfíncteres, que ajudam a regular as trocas gasosas e a evitar a perda de água.

2. **Transporte traqueal**:

   - O ar rico em oxigénio viaja através das traqueias e ramifica-se em traquéolas mais pequenas.
   - Os traqueoles estendem-se por todo o corpo, atingindo células e tecidos individuais.

3. **Troca de gases**:

   - O oxigénio difunde-se das traqueolas para as células, onde é utilizado na respiração celular para produzir energia (ATP).
   - O dióxido de carbono, um produto residual da respiração celular, difunde-se para fora das células e para dentro das traquéolas.

4. **Adaptações respiratórias**:

   - Alguns insectos têm adaptações para aumentar a eficiência respiratória:
     - **Controlo espiral**: Os insectos podem regular a abertura e o fecho dos espiráculos para conservar água, reduzir a exposição do ar a poluentes ou ajustar o consumo de oxigénio com base nas necessidades metabólicas.
     - **Sacos de ar**: Alguns insectos, como os gafanhotos e alguns escaravelhos, têm sacos de ar ligados ao sistema traqueal, que ajudam na ventilação e no armazenamento de oxigénio durante os movimentos activos.

Importância do sistema respiratório dos insectos

1. **Troca eficiente de gases**:

   - O sistema traqueal permite trocas gasosas rápidas e diretas, permitindo que os insectos satisfaçam as suas elevadas exigências metabólicas durante várias actividades, como o voo, a corrida ou a escavação.
   - O oxigénio é fornecido de forma eficiente aos tecidos, apoiando a produção de energia e as funções fisiológicas.

2. **Conservação da água**:

   - A capacidade de controlar as espirais ajuda os insectos a conservar água em ambientes áridos ou durante períodos de escassez de água.
   - Alguns insectos minimizam a perda de água fechando os espiráculos ou utilizando estruturas especializadas para reter a humidade no sistema respiratório.

3. **Adaptações para o voo**:

   - Os insectos voadores desenvolveram adaptações respiratórias para suportar o aumento da necessidade de oxigénio durante o voo.
   - Sistemas traqueais eficientes e mecanismos de armazenamento de oxigénio (por exemplo, sacos de ar) contribuem para as capacidades de voo sustentado.

4. **Flexibilidade Metabólica**:

   O sistema respiratório dos insectos permite uma flexibilidade metabólica, com o consumo de oxigénio a ajustar-se em função dos níveis de atividade, das condições ambientais e dos estados fisiológicos (por exemplo, repouso, alimentação ou voo).

Variações nos sistemas respiratórios dos insectos

1. **Insectos aquáticos**:

   - Os insectos aquáticos, como as ninfas das libélulas ou os escaravelhos mergulhadores, têm adaptações para respirar debaixo de água.
   - Podem utilizar estruturas especializadas como brânquias ou

plastrões para extrair oxigénio da água.

2. **Insectos escavadores**:

   - Os insectos escavadores, como as minhocas ou os grilos-toupeira, modificaram os espiráculos e os sistemas traqueais para manterem o fornecimento de oxigénio no subsolo.
   - Os espiráculos podem estar localizados dorsal ou ventralmente para impedir a entrada de partículas de solo.

3. **Adaptações no deserto**:

   - Os insectos em ambientes desérticos, como os escaravelhos do deserto ou as formigas, têm adaptações respiratórias para minimizar a perda de água.
   - Podem ter mecanismos de controlo espiral altamente eficientes ou estruturas que retêm a humidade do ar exalado.

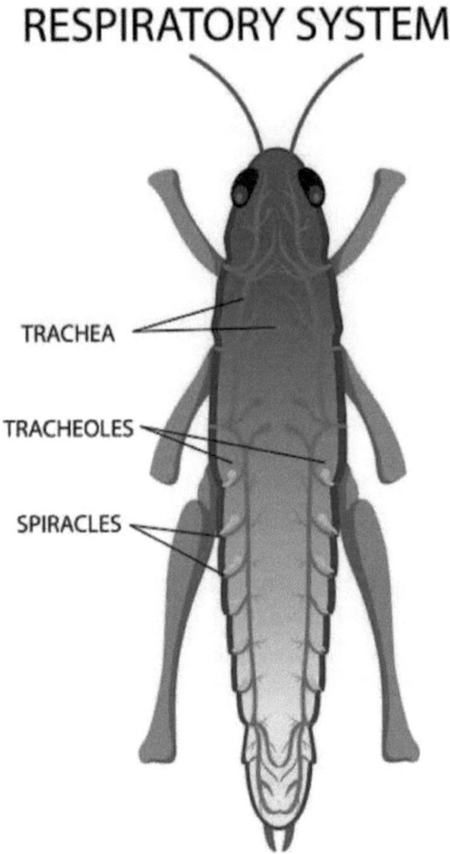

Figura 9: Sistema respiratório dos insectos

O sistema excretor dos insectos é responsável pela remoção de resíduos metabólicos, pela manutenção do equilíbrio osmótico e pela regulação dos níveis de fluidos internos. Ao contrário dos vertebrados com rins, os insectos utilizam um sistema de tubos especializados chamados túbulos de Malpighi, juntamente com outras estruturas, para excretar produtos residuais e manter a homeostase. Vamos explorar os componentes e as funções do sistema excretor dos insectos:

3.5. Componentes do sistema excretor dos insectos

1. **Túbulos de Malpighi**:

   - Os túbulos de Malpighi são tubos finos, semelhantes a fios, localizados na hemocele (cavidade do corpo) dos insectos.
   - Estão ligados à junção do intestino médio e do intestino grosso e desempenham um papel central na excreção e na osmorregulação.

2. **Intestino**:

   - O intestino grosso inclui o intestino, o reto e o ânus nos insectos.
   - Recebe os resíduos e o excesso de iões transportados pelos túbulos de Malpighi para serem eliminados.

3. **Glândulas rectais**:

   - Alguns insectos, particularmente os que vivem em ambientes áridos, têm glândulas rectais no reto.
   - As glândulas rectais ajudam na reabsorção da água e na concentração da urina antes da excreção, ajudando na conservação da água.

Processos no sistema excretor dos insectos

1. **Filtragem**:

   - Os túbulos de Malpighi filtram a hemolinfa (sangue dos insectos) para remover resíduos azotados (por exemplo, amoníaco, ureia, ácido úrico), iões e outros subprodutos metabólicos.

- A filtração ocorre através de mecanismos de transporte seletivo através das células tubulares.

2. **Reabsorção**:
   - Os iões essenciais, como o potássio e o sódio, são reabsorvidos seletivamente pelos túbulos de Malpighi para a hemolinfa para manter o equilíbrio iónico e o equilíbrio osmótico.
   - A reabsorção de água também ocorre para evitar a perda excessiva de água.

3. **Secreção**:
   - Os túbulos de Malpighi segregam produtos residuais e iões em excesso para o intestino grosso para serem excretados.
   - Os mecanismos de secreção envolvem transporte ativo e canais iónicos nas células tubulares.

4. **Formação de urina**:
   - A solução filtrada e concentrada de resíduos produzida pelos túbulos de Malpighi é chamada de urina primária.
   - A urina primária, juntamente com os resíduos digestivos do intestino grosso, forma a urina final no reto antes da excreção.

5. **Excreção**:
   - A urina final, que contém resíduos concentrados e iões em excesso, é eliminada do corpo do inseto através do ânus.
   - A excreção de urina ajuda a manter o equilíbrio dos fluidos internos, a remover os resíduos azotados e a regular a pressão osmótica.

Funções do sistema excretor dos insectos

1. **Remoção de resíduos**:

   - O sistema excretor elimina os resíduos azotados, como o amoníaco, a ureia e o ácido úrico, que são subprodutos do metabolismo das proteínas.
   - A eliminação destes resíduos evita a sua acumulação, que pode ser tóxica para as células.

2. **Osmoregulação**:

   O sistema excretor regula o equilíbrio osmótico através do controlo da concentração de iões e de água na hemolinfa.

   - Os túbulos de Malpighi ajustam o transporte de iões e a reabsorção de água com base nas condições ambientais e nas exigências metabólicas.

3. **Equilíbrio iónico**:

   - Os iões essenciais, incluindo o potássio, o sódio, o cloreto e o cálcio, são mantidos em níveis adequados para apoiar as funções celulares e os processos fisiológicos.
   - Os iões em excesso são excretados enquanto os iões essenciais são reabsorvidos para evitar desequilíbrios electrolíticos.

4. **Conservação da água**:

   - Os insectos que vivem em ambientes áridos ou secos utilizam o sistema excretor, incluindo glândulas rectais, para conservar a água.

o A urina concentrada e a reabsorção de água ajudam a minimizar a perda de água e

manter a hidratação interna.

Adaptações e variações nos sistemas excretores dos insectos

1. **Excreção de ácido úrico**:
   - o Muitos insectos excretam ácido úrico como principal produto residual azotado, que requer menos água do que o amoníaco ou a ureia.
   - o O ácido úrico é insolúvel e pode ser excretado sob a forma de pellets secos, conservando a água em habitats áridos.
2. **Balanço hídrico em insectos aquáticos**:
   - o Os insectos aquáticos, como as larvas de mosquitos ou libélulas, têm adaptações nos seus sistemas excretores para regular o equilíbrio da água em ambientes de água doce ou marinhos.
   - o Podem ajustar o transporte de iões e os mecanismos de osmorregulação para fazer face a níveis de salinidade variáveis.
3. **Armazenamento de resíduos metabólicos**:
   - o Alguns insectos, como os escaravelhos e certas lagartas, armazenam resíduos metabólicos (por exemplo, cristais de ácido úrico) em órgãos de armazenamento especializados para minimizar o custo energético da excreção e manter a homeostasia interna.

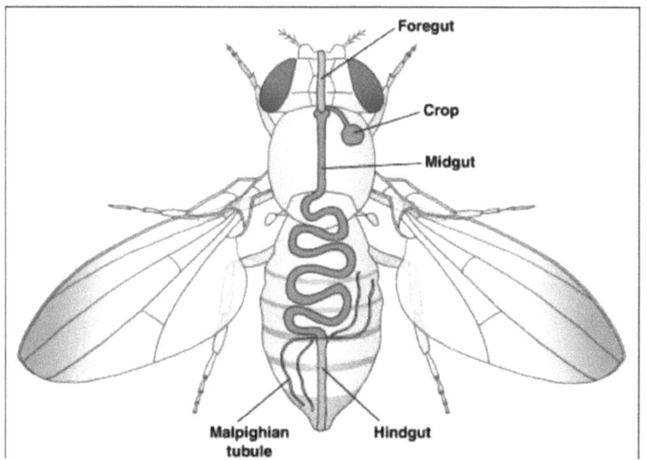

Figura 10: Sistema executório dos insectos

O sistema nervoso é uma rede complexa de células especializadas chamadas neurónios que transmitem sinais eléctricos e químicos por todo o corpo. É responsável pela coordenação e regulação de várias funções fisiológicas, perceção sensorial, respostas motoras e processos cognitivos superiores. O sistema nervoso pode ser categorizado em duas partes principais: o sistema nervoso central (SNC) e o sistema nervoso periférico (SNP).

3.6. Sistema Nervoso Central (SNC)

1. **Cérebro**:

- O cérebro é o centro de controlo central do sistema nervoso e é responsável pelo processamento da informação sensorial, pela iniciação de respostas motoras e pela coordenação das funções cognitivas superiores, como o pensamento, a memória e as emoções.

- É constituído por diferentes regiões, incluindo o córtex cerebral, o cerebelo, o tronco cerebral e os gânglios basais, cada uma com funções específicas.

2. **Medula espinal**:
   - A medula espinal é uma estrutura longa e tubular que se estende desde a base do cérebro até à coluna vertebral.
   - Serve de via para a transmissão de sinais nervosos entre o cérebro e o resto do corpo e também desempenha um papel nas acções reflexas.

Sistema Nervoso Periférico (SNP)

1. **Neurónios sensoriais**:
   - Os neurónios sensoriais são células especializadas que detectam estímulos do ambiente, como o toque, a temperatura, a dor, a pressão e os sinais químicos.
   - Transmitem a informação sensorial dos receptores sensoriais (por exemplo, receptores cutâneos, papilas gustativas, receptores olfactivos) para o SNC para processamento.
2. **Neurónios motores**:
   - Os neurónios motores transmitem sinais do SNC para os músculos e glândulas, iniciando movimentos voluntários e involuntários e controlando as secreções glandulares.

- Os neurónios motores podem ainda ser classificados em neurónios motores somáticos (que controlam os músculos esqueléticos) e neurónios motores autónomos (que regulam os músculos lisos, os músculos cardíacos e as glândulas).

3. **Sistema Nervoso Autónomo (SNA)**:

   O SNA é uma divisão do SNP que regula as funções corporais involuntárias, como os batimentos cardíacos, a digestão, a respiração e a atividade glandular.

   - É constituído por ramos simpáticos e parassimpáticos que têm frequentemente efeitos opostos para manter o equilíbrio fisiológico (homeostasia).

4. **Sistema Nervoso Entérico (ENS)**:

   - O ENS é uma rede complexa de neurónios localizada nas paredes do sistema digestivo (intestino).
   - Controla a motilidade gastrointestinal, a secreção e os reflexos locais envolvidos na digestão e na absorção de nutrientes.

Comunicação Neuronal

1. **Neurónios**:

   - Os neurónios são as unidades funcionais do sistema nervoso e são especializados na transmissão de impulsos eléctricos (potenciais de ação) e sinais químicos (neurotransmissores) através das sinapses.
   - São constituídos por um corpo celular (soma), dendritos (recebem entradas), axónio (transmitem a saída) e terminais axonais (libertam neurotransmissores).

2. **Sinapses**:

   - As sinapses são junções entre neurónios ou entre neurónios e células-alvo (por exemplo, músculos, glândulas) onde são libertados neurotransmissores.
   - Os neurotransmissores, como a dopamina, a serotonina, a acetilcolina e o GABA, transmitem sinais através das sinapses para iniciar ou inibir a atividade neuronal.

3. **Neurotransmissão**:

   - A neurotransmissão envolve uma sequência de eventos, incluindo a libertação de neurotransmissores dos terminais pré-sinápticos, a ligação de neurotransmissores a receptores nas células pós-sinápticas e a modulação do potencial da membrana pós-sináptica.
   - Os neurotransmissores excitatórios despolarizam os neurónios pós-sinápticos, enquanto os neurotransmissores inibitórios os hiperpolarizam, influenciando as taxas de disparo neuronal.

Funções do Sistema Nervoso

1. **Processamento sensorial**:

   - O sistema nervoso recebe, integra e interpreta a informação sensorial do ambiente através dos receptores sensoriais, permitindo que os organismos percebam e respondam a estímulos externos.

2. **Controlo do motor**:

   O sistema nervoso inicia e coordena os movimentos voluntários e involuntários, transmitindo comandos motores do SNC para os músculos e glândulas através dos neurónios motores.

3. **Regulação da homeostase**:
   - O sistema nervoso regula o equilíbrio fisiológico interno (homeostase), controlando funções vitais como o ritmo cardíaco, a pressão arterial, a temperatura corporal, a respiração e o metabolismo.
4. **Funções cognitivas superiores**:
   - O SNC suporta processos cognitivos complexos, incluindo a aprendizagem, a memória, o raciocínio, a resolução de problemas, a linguagem, a emoção e a consciência.
5. **Respostas comportamentais**:
   - O sistema nervoso gera respostas comportamentais a estímulos, incluindo acções reflexas (respostas involuntárias), comportamentos instintivos, comportamentos aprendidos e respostas adaptativas a condições variáveis.

O sistema endócrino dos insectos desempenha um papel crucial na regulação de vários processos fisiológicos, crescimento, desenvolvimento, metabolismo, reprodução e comportamento através da secreção de hormonas. Ao contrário dos vertebrados com glândulas endócrinas específicas, os insectos têm células e tecidos endócrinos dispersos pelo corpo. Estes órgãos e células endócrinas produzem hormonas que actuam como mensageiros químicos para coordenar e controlar a fisiologia dos insectos. Vamos explorar os componentes, as funções e as adaptações do sistema endócrino nos insectos:

3.6. Componentes do sistema endócrino dos insectos

1. **Células neuroendócrinas**:

   - Os insectos têm células neuroendócrinas localizadas no cérebro (células neurosecretoras) e noutros tecidos que produzem e libertam hormonas no sistema circulatório (hemolinfa).
   - Estas células estão envolvidas na coordenação do crescimento, desenvolvimento, metamorfose, reprodução e respostas a sinais ambientais.

2. **Corpora Allata**:

   - Os corpos alados são glândulas neuroendócrinas emparelhadas localizadas no cérebro dos insectos que produzem e libertam hormonas juvenis (JHs).
   - As hormonas juvenis desempenham um papel fundamental na regulação do crescimento larvar, da metamorfose, da diferenciação de castas (nos insectos sociais) e da maturação reprodutiva.

3. **Glândulas Protorácicas**:

   - As glândulas protorácicas são órgãos endócrinos localizados perto do cérebro do inseto ou no protórax que produzem ecdisteróides (hormonas de muda), incluindo a ecdisona e a 20-hidroxiecdisona.
   - Os ecdisteróides regulam a muda, a metamorfose e as transições de desenvolvimento entre as diferentes fases da vida (larvas, pupas, adultos).

4. **Corpora Cardiaca**:

   - Os corpos cardiacos são estruturas neuroendócrinas associadas ao cérebro do inseto ou ao gânglio subesofágico que produzem e libertam neuropeptídeos e outras hormonas.
   - Os neuropéptidos, como a hormona protoracicotrópica (PTTH), regulam a síntese e a libertação de ecdisteróides das glândulas protorácicas.

5. **Outros tecidos endócrinos**:

   - Vários tecidos e órgãos dos insectos, como o intestino, o corpo adiposo, os túbulos de Malpighi e os órgãos reprodutores, contêm células endócrinas que segregam hormonas envolvidas na regulação metabólica, no armazenamento de nutrientes e nos processos reprodutivos.

Funções do sistema endócrino dos insectos

1. **Crescimento e desenvolvimento**:

   As hormonas juvenis (HJ) controlam o crescimento, a muda e a metamorfose dos insectos, mantendo as caraterísticas larvares, promovendo o crescimento durante os instares e regulando as transições pupa-adulto.

   - Os ecdisteróides coordenam os ciclos de muda, iniciam a ecdise (eliminação da cutícula velha) e desencadeiam as alterações de desenvolvimento necessárias para a metamorfose.

2. **Reprodução**:

   - A sinalização endócrina regula os processos reprodutivos nos insectos, incluindo a maturação sexual, os comportamentos de acasalamento, o desenvolvimento gonadal, a produção de ovos e a fertilidade.

- Hormonas como os ecdisteróides, os JHs e as feromonas sexuais desempenham papéis fundamentais na maturação reprodutiva, cortejo, cópula e oviposição.

3. **Regulação metabólica**:

- As hormonas dos insectos modulam o metabolismo, a utilização de nutrientes, o armazenamento e a mobilização de energia para manter o equilíbrio energético e responder às condições ambientais.
- As hormonas influenciam o metabolismo dos hidratos de carbono, lípidos e proteínas, o armazenamento de nutrientes (por exemplo, glicogénio, lípidos) e a utilização das reservas de energia.

4. **Plasticidade comportamental**:

- Os factores endócrinos contribuem para a plasticidade comportamental dos insectos, influenciando os comportamentos de procura de alimentos, a diapausa (invernada), as estratégias reprodutivas e as respostas a sinais ambientais.
- As alterações hormonais conduzem a adaptações sazonais, alteram as preferências alimentares, regulam os ritmos circadianos e modulam as interações sociais nos insectos sociais.

5. **Respostas imunitárias**:

- A sinalização endócrina está envolvida na regulação das respostas imunitárias e na tolerância ao stress nos insectos, influenciando a atividade das células imunitárias, a produção de péptidos antimicrobianos e os mecanismos de defesa contra os agentes patogénicos.

Adaptações e regulamentação

1. **Adaptações sazonais**:
   - o Os insectos apresentam adaptações hormonais às mudanças sazonais, fotoperíodos, flutuações de temperatura e disponibilidade de recursos, influenciando o tempo do ciclo de vida, a indução de diapausa e as estratégias reprodutivas.
2. **Produção de feromonas**:
   - o As glândulas endócrinas e os tecidos dos insectos sintetizam e libertam feromonas sexuais, feromonas de agregação e feromonas de alarme que medeiam a comunicação, a atração de parceiros, os comportamentos sociais e os mecanismos de defesa.
3. **Regulação endócrina**:

   O sistema endócrino dos insectos é fortemente regulado por mecanismos de feedback, sinais ambientais, estado nutricional, fases de desenvolvimento e factores internos para assegurar um equilíbrio fisiológico adequado e respostas adaptativas.

O sistema muscular dos insectos é um componente fundamental que permite o movimento, a locomoção e vários comportamentos essenciais para a sobrevivência, a reprodução e as interações ecológicas. Os insectos têm um conjunto diversificado de músculos adaptados a diferentes funções e estruturas corporais, incluindo músculos do voo, músculos das pernas e músculos envolvidos na alimentação, higiene e comportamentos reprodutivos. Vamos aprofundar os componentes, as funções e as adaptações do sistema muscular dos insectos:

3.8. Componentes do sistema muscular dos insectos

1. **Músculos estriados**:
   - Os músculos estriados dos insectos são compostos por sarcómeros com bandas alternadas de filamentos de actina e miosina, o que lhes confere um aspeto estriado ao microscópio.
   - Estes músculos estão envolvidos em contracções rápidas e movimentos de voo de força.
2. **Músculos de voo**:
   - Os insectos têm músculos de voo especializados ligados às asas e ao tórax, o que lhes permite voar com força.
   - Os principais músculos de voo são os músculos longitudinais dorsais (DLM) e os músculos dorso-ventrais (DVM), que se contraem alternadamente para produzir os movimentos das asas.
3. **Músculos das pernas**:
   - As pernas dos insectos estão equipadas com músculos que controlam os movimentos das articulações, a extensão, a flexão e a preensão das pernas.

   Os principais músculos da perna incluem os músculos coxa-trocantéricos, os músculos fémoro-tibiais, os músculos tíbio-társicos e os músculos tarsais, cada um com funções específicas na locomoção.

4. **Músculos antagónicos**:

  - Os insectos têm frequentemente pares de músculos antagónicos que trabalham em oposição uns aos outros para controlar os movimentos dos membros e manter a estabilidade.
  - Por exemplo, os músculos flexores contraem-se para dobrar uma articulação, enquanto os músculos extensores relaxam ou contraem-se para endireitar a articulação.

5. **Músculos viscerais**:

  - Os músculos viscerais encontram-se no trato digestivo, no sistema respiratório e nos órgãos reprodutores dos insectos, facilitando movimentos como o peristaltismo, a respiração e a postura de ovos.

Funções do sistema muscular dos insectos

1. **Voo**:

  - O sistema muscular dos insectos, em particular os músculos do voo, permite o voo motorizado, gerando movimentos rápidos e coordenados das asas.
  - As contracções dos músculos de voo produzem o impulso, a elevação e o controlo necessários para as manobras aéreas e a navegação.

2. **Locomoção**:

  - Os músculos das pernas e dos segmentos do corpo coordenam os movimentos para andar, correr, saltar, trepar, escavar, nadar e outras formas de locomoção.

- As contracções musculares em diferentes regiões do corpo impulsionam o inseto para a frente, para trás, para cima ou para baixo, conforme necessário.

3. **Alimentação e Manipulação**:
   - Os músculos da cabeça, das peças bucais e dos membros anteriores ajudam nos comportamentos de alimentação, como morder, mastigar, sugar, lamber e agarrar.
   - O controlo motor fino dos músculos permite que os insectos manipulem os alimentos, limpem as superfícies do corpo e se envolvam em comportamentos complexos relacionados com a alimentação e a manipulação de objectos.
4. **Comportamentos reprodutivos**:
   - Os músculos associados ao sistema reprodutor desempenham papéis nos comportamentos de acasalamento, exibições de cortejo, cópula, postura de ovos e oviposição.
   - As contracções dos músculos reprodutores facilitam a transferência de gâmetas, o armazenamento de esperma e o movimento dos óvulos dentro do corpo da mulher.
5. **Defesa e fuga**:
   - Os músculos contribuem para comportamentos defensivos, como movimentos rápidos, respostas de susto, posturas defensivas e manobras evasivas em resposta a ameaças.
   - As contracções musculares rápidas ajudam a fugir dos predadores, a evitar a captura e a navegar em terrenos difíceis.

Adaptações e variações nos sistemas musculares dos insectos

1. **Adaptações dos músculos de voo**:
   - o Os insectos com diferentes capacidades de voo (por exemplo, voadores rápidos, flutuadores, planadores) apresentam adaptações na estrutura dos músculos de voo, na velocidade de contração, na utilização de energia e na resistência.
   - o Por exemplo, as abelhas têm músculos de voo fortes, adaptados para o batimento rápido das asas durante o voo pairado, enquanto as libélulas têm músculos de voo robustos para manobras aéreas ágeis.
2. **Especializações musculares das pernas**:
   - o Os insectos apresentam adaptações dos músculos das pernas com base nos seus hábitos locomotores, tais como fortes músculos de salto nos gafanhotos, poderosos músculos de escavação nos escaravelhos e músculos de preensão precisos nos louva-a-deus.
   - o Os músculos das pernas dos insectos estão muitas vezes dispostos de forma a otimizar a vantagem mecânica, a alavancagem e a geração de força para movimentos e comportamentos específicos.
3. **Eficiência Metabólica**:
   - o Os músculos dos insectos apresentam adaptações metabólicas para otimizar a utilização de energia, a resistência e a atividade sustentada durante o voo, a migração de longa distância ou comportamentos prolongados de procura de alimentos.

- Os músculos de voo, em particular, dependem do armazenamento eficiente de energia (por exemplo, reservas de glicogénio) e do metabolismo oxidativo para sustentar o voo de alto desempenho durante períodos prolongados.

4. **Plasticidade muscular**:
   - Alguns insectos apresentam plasticidade muscular, o que lhes permite alterar a massa muscular, a força e o desempenho em resposta a factores ambientais, fases de desenvolvimento e exigências fisiológicas.
   - Por exemplo, os insectos adultos podem sofrer remodelações musculares durante a metamorfose para se adaptarem a novos requisitos de voo ou comportamentos reprodutivos.

3.9. Os órgãos dos sentidos e a perceção

Os insectos possuem um conjunto diversificado de órgãos dos sentidos que lhes permite perceber o seu ambiente, detetar estímulos e responder a várias pistas cruciais para a sobrevivência, navegação, comunicação e reprodução. Estes órgãos dos sentidos são estruturas especializadas adaptadas para detetar diferentes tipos de estímulos, incluindo pistas visuais, sinais químicos, sons, vibrações, alterações de temperatura e estímulos mecânicos. Vamos explorar mais detalhadamente os órgãos dos sentidos e a perceção nos insectos:

Órgãos dos sentidos visuais

1. **Olhos compostos**:
   - Os olhos compostos são os principais órgãos visuais dos insectos, consistindo em numerosas unidades individuais chamadas ommatidia.
   - Cada omatídio contém células fotorreceptoras (por exemplo,

células da retina) que detectam a luz e contribuem para formar uma imagem em mosaico.

- Os olhos compostos proporcionam aos insectos um amplo campo de visão, deteção de movimentos e sensibilidade à luz ultravioleta (UV) e à luz polarizada.

2. **Olhos simples (Ocelli)**:

   - Alguns insectos, como as abelhas e as libélulas, têm olhos simples, chamados ocelos, localizados na cabeça.

Os ocelos detectam alterações na intensidade da luz, ajudam na orientação e regulam a estabilidade do voo através da deteção da luminosidade do céu.

Órgãos do sentido olfativo (olfato)

1. **Antenas**:

   - Os insectos têm antenas equipadas com receptores olfactivos que detectam sinais químicos (moléculas de odor) no ambiente.
   - As sensilas antenais albergam neurónios receptores olfactivos (ORN) sensíveis a feromonas, odores alimentares, voláteis de plantas hospedeiras e outros sinais químicos.
   - As pistas olfactivas desempenham um papel crucial na procura de alimento, na procura de parceiro, na localização do ninho e na prevenção de predadores e agentes patogénicos.

Órgãos dos sentidos gustativos (paladar)

1. **Partes bucais**:

   - Os insectos utilizam as suas peças bucais, incluindo os palpos labiais e as sensilas gustativas nas peças bucais, para provar e avaliar as fontes de alimento.

- As sensilas gustativas contêm neurónios receptores gustativos (GRNs) que detectam compostos gustativos, como açúcares, sais, ácidos e substâncias amargas.
- As pistas gustativas orientam os comportamentos alimentares, a seleção de alimentos e a discriminação entre substâncias palatáveis e tóxicas.

Órgãos dos sentidos auditivos (audição)

1. **Órgãos timpânicos**:
   - Muitos insectos, como os grilos, os gafanhotos e os katydids, têm órgãos auditivos especializados chamados órgãos timpânicos ou "ouvidos".
   - Os órgãos timpânicos detectam as vibrações sonoras do ar e transmitem os sinais auditivos aos neurónios sensoriais para processamento.
   - As pistas auditivas desempenham um papel no reconhecimento do parceiro, na comunicação na corte, na deteção de predadores e na navegação.

Órgãos dos sentidos tácteis (tato)

1. **Setae e pêlos sensoriais**:
   - Os insectos têm cerdas e pêlos sensoriais (trichoid sensilla) distribuídos pelo corpo, antenas, pernas e asas.
   - As setas e os pêlos sensoriais detectam estímulos mecânicos, correntes de ar, textura do substrato e vibrações, fornecendo feedback tátil.
   - As pistas tácteis orientam a locomoção, a manipulação de

objectos, as interações sociais e as respostas a obstáculos físicos.

Órgãos dos sentidos proprioceptivos (posição do corpo)

1. **Receptores comuns**:

   - Os insectos possuem receptores proprioceptivos nas articulações (por exemplo, glândulas coxais nas articulações das pernas) que monitorizam a posição do corpo, os movimentos dos membros e as contracções musculares.
   - Os receptores articulares contribuem para a coordenação, o controlo da postura, o equilíbrio e os movimentos motores finos durante o voo, a marcha e outras actividades.

Integração multimodal e perceção

1. **Integração do cérebro**:

   - A informação sensorial de diferentes órgãos dos sentidos converge para os centros de processamento sensorial do cérebro dos insectos, tais como os lóbulos ópticos, os lóbulos antenais e os corpos em cogumelo.
   - O cérebro integra e processa as entradas sensoriais para gerar percepções, coordenar comportamentos e iniciar respostas apropriadas.
   - A integração multimodal permite que os insectos combinem informações de vários sentidos para comportamentos complexos como a navegação, a procura de alimentos, a comunicação e a fuga aos predadores.

2. **Respostas comportamentais**:

   - Os insectos apresentam diversas respostas comportamentais com base em informações e percepções sensoriais, incluindo orientação, navegação, estratégias de procura de alimentos, interações sociais e comportamentos defensivos.
   - As pistas sensoriais orientam os comportamentos dos insectos, como a orientação do voo através de pontos de referência visuais, a procura de parceiros através de feromonas e a seleção de alimentos com base no sabor e no cheiro.

Adaptações e especializações

1. **Adaptações específicas da espécie**:

   - Os insectos apresentam adaptações nos seus órgãos dos sentidos com base em nichos ecológicos, estilos de vida, habitats e requisitos sensoriais.
   - Por exemplo, os insectos noturnos podem ter olhos especializados para uma visão com pouca luz, enquanto os insectos que visitam as flores podem ter receptores olfactivos altamente sensíveis aos odores florais.

2. **Deteção de feromonas**:

   - Muitos insectos dependem de feromonas, sinais químicos libertados por co-específicos, para comunicação, atração de parceiros, sinalização de alarme e marcação de territórios.
   - Os receptores olfactivos e as estruturas sensoriais especializadas permitem aos insectos detetar e responder às feromonas com grande sensibilidade e especificidade.

3. **Localização do som**:

- o Os insectos com órgãos auditivos apresentam capacidades de localização sonora, o que lhes permite determinar a direção e a distância de fontes sonoras, tais como chamamentos de acasalamento ou sinais de predadores.
- o As adaptações sensoriais para a deteção e processamento do som melhoram a comunicação dos insectos, o sucesso do acasalamento e as estratégias para evitar os predadores.

4. **Sensibilidade à vibração**:

- o Alguns insectos, como as abelhas e as formigas, são sensíveis às vibrações transmitidas através de substratos (por exemplo, caules de plantas, solo).
- o Os receptores de vibração ajudam os insectos a detetar os movimentos das presas, a aproximação dos predadores, os sinais sociais dos companheiros de colónia e as perturbações ambientais.

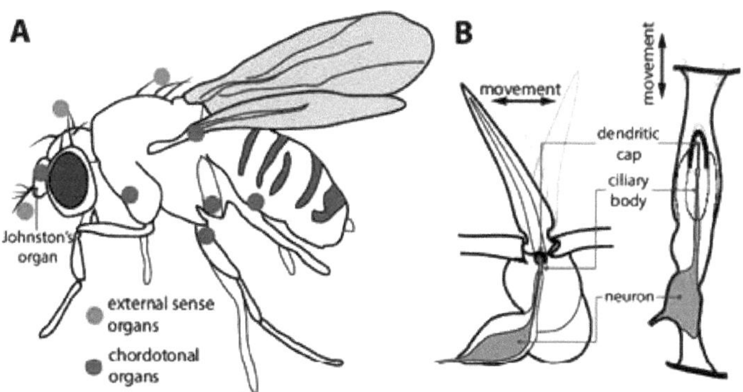

Figura 11: Órgãos dos sentidos e perceção dos insectos

Capítulo 4: Desenvolvimento e metamorfose

Os insectos são um dos grupos de organismos mais diversificados e abundantes da Terra, compreendendo uma vasta gama de espécies com adaptações, ciclos de vida e papéis ecológicos notáveis. Desde as formigas minúsculas às borboletas coloridas, os insectos desempenham papéis cruciais nos ecossistemas como polinizadores, decompositores, predadores, presas e engenheiros do ecossistema. Compreender a biologia, o comportamento e as adaptações dos insectos é essencial para compreender o seu significado ecológico, sucesso evolutivo e interações com o ambiente.

A biologia dos insectos abrange uma vasta gama de tópicos, incluindo anatomia, fisiologia, desenvolvimento, comportamento, ecologia e evolução. Cada aspeto da biologia dos insectos oferece uma visão da sua incrível diversidade, estratégias de sobrevivência e contribuições para o funcionamento do ecossistema. Quer estudem a complexa metamorfose das borboletas, a organização social das formigas ou as adaptações sensoriais dos escaravelhos, os investigadores continuam a fazer descobertas fascinantes sobre o mundo dos insectos.

Esta exploração da biologia dos insectos abordará aspectos fundamentais como:

1. **Anatomia e fisiologia**: Compreender as estruturas internas e externas, os órgãos e os sistemas que permitem aos insectos funcionar, mover-se, alimentar-se, reproduzir-se e responder ao seu ambiente.

2. **Desenvolvimento e Metamorfose**: Examinar as fases de desenvolvimento dos insectos, do ovo à larva, à pupa e ao adulto, incluindo os diversos processos metamórficos observados em diferentes grupos de insectos.

3. **Comportamento e Ecologia**: Explorar os comportamentos dos

insectos, como a procura de alimentos, a comunicação, o acasalamento, as interações sociais, os mecanismos de defesa e os seus papéis ecológicos como polinizadores, herbívoros, predadores e decompositores.

4. **Adaptações e Evolução**: Investigar as adaptações evolutivas dos insectos a diversos habitats, nichos ecológicos, condições climáticas e ambientes alterados pelo homem, destacando a sua resiliência e capacidade de prosperar em ecossistemas variados.
5. **Interações com os seres humanos**: Discutir as interações benéficas e prejudiciais entre insectos e seres humanos, incluindo a agricultura, a transmissão de doenças, a gestão de pragas, os esforços de conservação e o significado cultural.

4.1. Crescimento

O crescimento nos insectos é um processo biológico fundamental que envolve um aumento de tamanho, massa e complexidade à medida que os indivíduos progridem nas suas fases de vida. Ao contrário dos vertebrados, os insectos têm um padrão de crescimento único caracterizado pela muda, em que perdem o seu exoesqueleto (cutícula) para se adaptarem ao crescimento. Vamos aprofundar os principais aspectos do crescimento nos insectos:

1. **Muda e ecdise**
   1. **Ciclo de muda**:
      - Os insectos crescem através de uma série de mudas, que são fases definidas entre cada queda do exoesqueleto.

      O ciclo de muda inclui normalmente instares larvares (fases entre mudas), sendo cada instar separado por uma muda, até atingir o instar final antes da pupação ou da idade adulta.

2. **Ecdise**:

   - A ecdise é o processo de eliminação da cutícula antiga e a sua substituição por uma nova e maior para acomodar o crescimento.
   - Antes da muda, os insectos sofrem alterações fisiológicas e hormonais, incluindo a libertação de ecdisteróides (hormonas de muda) que iniciam o processo de muda.

3. **Expansão pós-moleta**:

   - Depois de se libertarem da cutícula antiga, os insectos passam por um período de rápido crescimento e expansão, à medida que absorvem água e aumentam o tamanho do seu corpo para se adaptarem à nova cutícula.
   - Os insectos de corpo mole são particularmente vulneráveis durante esta fase pós-mutação até que a nova cutícula endureça e forneça proteção.

2. Regulação hormonal

1. **Ecdisteróides**:

   - Os ecdisteróides, incluindo a ecdisona e a 20-hidroxiecdisona, desempenham um papel central na regulação da muda, do crescimento e das transições de desenvolvimento nos insectos.
   - Estas hormonas são sintetizadas e libertadas por glândulas endócrinas, tais como as glândulas protorácicas, e são fortemente reguladas ao longo do ciclo de muda.

2. **Hormonas juvenis (JHs)**:

   - As hormonas juvenis (JHs) são outro grupo de hormonas que influenciam o crescimento, o desenvolvimento e a metamorfose dos insectos.
   - Os JHs previnem a metamorfose prematura durante as fases larvares, promovem o crescimento e regulam o momento da muda e das transições metamórficas.

3. **Fases de crescimento e desenvolvimento**

   1. **Crescimento larvar**:

      - Nas fases larvares, os insectos experimentam um crescimento rápido alimentado pela alimentação e pela absorção de nutrientes.
      - O crescimento é acompanhado pela diferenciação e desenvolvimento de órgãos internos, tecidos, apêndices e estruturas sensoriais específicas da forma larvar.

   2. **Metamorfose**:

      - Nos insectos holometábolos, o crescimento culmina com a metamorfose, onde as estruturas larvares são remodeladas e se desenvolvem as estruturas adultas, como as asas, os órgãos reprodutores e os órgãos sensoriais.
      - A metamorfose envolve uma regulação hormonal complexa, a reorganização dos tecidos e a formação de estruturas especializadas necessárias para o estilo de vida adulto.

4. Factores ambientais e crescimento

1. **Nutrição**:

   - Uma nutrição adequada é crucial para o crescimento, desenvolvimento e saúde geral dos insectos.
   - Os hábitos alimentares das larvas, a composição da dieta, a disponibilidade de nutrientes e a qualidade dos alimentos influenciam as taxas de crescimento e os resultados do desenvolvimento.

2. **Temperatura e clima**:

   - Factores ambientais como a temperatura, a humidade, o fotoperíodo e as variações sazonais podem ter impacto nas taxas de crescimento, no metabolismo e no tempo de desenvolvimento dos insectos.
   - Condições ambientais óptimas promovem um crescimento e desenvolvimento mais rápidos, enquanto que as condições extremas podem afetar a sobrevivência e o sucesso do desenvolvimento.

5. Padrões de crescimento em diferentes grupos de insectos

1. **Insectos hemimetabólicos**:

   - Os insectos hemimetábolos têm um crescimento e desenvolvimento gradual sem uma fase de pupa distinta, com as ninfas a assemelharem-se a adultos em miniatura e a mudarem até atingirem a idade adulta.

2. **Insectos Holometábolos**:

   - Os insectos holometábolos apresentam uma metamorfose

completa, passando por fases distintas de larva, pupa e adulto, com alterações estruturais e comportamentais significativas.

- O crescimento larvar é seguido de uma fase de pupa quiescente, durante a qual ocorre a metamorfose, que conduz à emergência da forma adulta.

4.2. Tipos de Metamorfose

Os insectos apresentam dois tipos principais de metamorfose: a metamorfose hemimetabólica e a metamorfose holometabólica. Estas duas formas de metamorfose diferem significativamente nos seus processos de desenvolvimento, fases e extensão das mudanças estruturais e comportamentais entre as fases imatura e adulta. Vamos explorar cada tipo de metamorfose em pormenor:

1. **Metamorfose Hemimetabólica**
   1. **Definição**:
      - A metamorfose hemimetabólica, também conhecida como metamorfose incompleta, é caracterizada por mudanças graduais e relativamente pequenas na forma, estrutura e comportamento do corpo entre os estágios imaturo e adulto.
   2. **Ciclo de vida**:
      - Os insectos que sofrem metamorfose hemimetabólica passam por três fases de vida principais: ovo, ninfa e adulto.
      - As ninfas assemelham-se a versões em miniatura dos adultos, mas não têm asas e órgãos reprodutores completamente desenvolvidos.

3. **Fases ninfais**:

- As ninfas passam por uma série de mudas (instares) onde crescem, mudam o seu exoesqueleto para acomodar o crescimento e desenvolvem segmentos adicionais, apêndices e estruturas corporais.
- Cada fase ninfal (instar) representa um marco de desenvolvimento, com as ninfas a tornarem-se progressivamente maiores e mais adultas com cada muda.

4. **Desenvolvimento da asa**:

- Nos insectos hemimetábolos, o desenvolvimento das asas ocorre gradualmente ao longo dos estádios ninfais, com as almofadas ou os botões das asas a tornarem-se mais proeminentes e funcionais nos últimos instares.
- As ninfas podem apresentar formas sem asas (apterous) ou com asas (alate), consoante a espécie e as condições ambientais.

5. **Órgãos reprodutores**:

- Ao contrário dos insectos holometábolos, os insectos hemimetábolos desenvolvem os órgãos reprodutores (genitais) durante as fases ninfais, sendo a maturidade sexual atingida normalmente no último instar ninfal.
- Quando atingem a idade adulta, os insectos hemimetábolos são sexualmente maduros e capazes de se reproduzir sem passar por uma fase de pupa ou por alterações metamórficas significativas.

6. **Exemplos**:

- Exemplos de insectos que sofrem metamorfose hemimetabólica incluem gafanhotos, baratas, insectos verdadeiros (por exemplo, percevejos), libélulas e louva-a-deus.

2. **Metamorfose Holometabólica**
   1. **Definição**:
      - A metamorfose holometabólica, também conhecida como metamorfose completa, é caracterizada por mudanças distintas e dramáticas na forma, estrutura e comportamento do corpo entre as fases imatura e adulta.
   2. **Ciclo de vida**:
      - Os insectos que sofrem metamorfose holometabólica passam por quatro fases de vida principais: ovo, larva, pupa e adulto.
      - As larvas e os adultos apresentam frequentemente diferenças significativas na estrutura do corpo, apêndices, hábitos alimentares, locomoção e papéis ecológicos.
   3. **Estágios larvais**:
      - As larvas são especializadas para alimentação e crescimento, com formas corporais distintas, peças bucais, métodos de locomoção e adaptações ecológicas específicas ao seu estilo de vida larvar.
      - As larvas sofrem várias mudas (instares) à medida que crescem e se desenvolvem, sendo cada instar caracterizado por alterações no tamanho do corpo, na morfologia e no comportamento.
   4. **Fase Pupal**:
      - A metamorfose culmina na fase de pupa, onde os tecidos larvais

são remodelados, degenerados e reorganizados para formar estruturas adultas.

- As pupas são frequentemente imóveis, quiescentes e encerradas em estruturas protectoras (por exemplo, casulos, caixas de pupas) à medida que as alterações metamórficas ocorrem internamente.

5. **Emergência de adultos**:

- Ao completar a metamorfose, os adultos emergem da caixa pupal ou do casulo com asas totalmente desenvolvidas, órgãos reprodutores, estruturas sensoriais e comportamentos de adulto.

- Os insectos adultos são normalmente sexualmente maduros, capazes de voar (se aplicável) e especializados em funções reprodutivas, de procura de alimentos e ecológicas distintas das larvas.

6. **Exemplos**:

- Exemplos de insectos que sofrem metamorfose holometabólica incluem borboletas, traças, escaravelhos, moscas, abelhas, vespas, formigas e muitos outros grupos de insectos.

Comparação

1. **Alterações estruturais**:

- Na metamorfose hemimetabólica, as mudanças estruturais entre os estádios imaturo e adulto são graduais, com as ninfas a assemelharem-se a adultos em miniatura.

- Na metamorfose holometabólica, as mudanças estruturais são dramáticas, com larvas e adultos exibindo diferenças significativas na forma do corpo, apêndices e comportamentos.

2. **Fases de desenvolvimento**:

   - Os insectos hemimetábolos passam pelas fases de ovo, ninfa e adulto sem uma fase de pupa distinta.
   - Os insectos holometábolos passam pelas fases de ovo, larva, pupa e adulto, com a metamorfose a ocorrer durante a fase de pupa.

3. **Desenvolvimento de asas**:

   - Os insectos hemimetábolos desenvolvem as asas gradualmente ao longo dos estádios ninfais, se as asas estiverem presentes.
   - Os insectos holometábolos desenvolvem asas durante a metamorfose pupal, com as estruturas das asas a formarem-se internamente e a tornarem-se funcionais na fase adulta.

4. **Maturidade reprodutiva**:

   - Os insectos hemimetábolos atingem a maturidade sexual durante o último instar ninfal.
   - Os insectos holometábolos tornam-se sexualmente maduros quando adultos, depois de completarem a metamorfose durante a fase de pupa.

De um modo geral, a metamorfose hemimetabólica envolve mudanças graduais e transformações estruturais incompletas entre as fases imatura e adulta, enquanto a metamorfose holometabólica inclui fases larvares, pupais e adultas distintas, com diferenças morfológicas, fisiológicas e comportamentais significativas. Cada tipo de metamorfose reflecte adaptações evolutivas únicas e estratégias de história de vida adequadas a diversos nichos ecológicos e desafios ambientais.

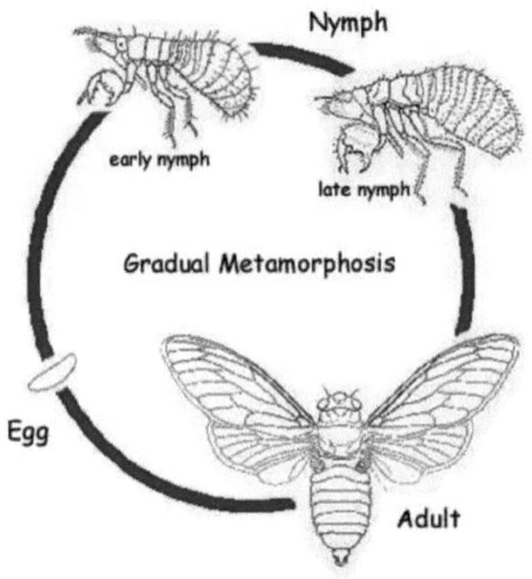

Figura 12: Metamorfose gradual

4.3. Metamorfose completa,

A metamorfose completa, também conhecida como metamorfose holometabólica, é um tipo de desenvolvimento observado em certos grupos de insectos em que a transição de estádios imaturos para adultos envolve mudanças distintas e dramáticas na forma, estrutura, comportamento e papéis ecológicos do corpo. Este processo é caracterizado por quatro fases principais da vida: ovo, larva, pupa e adulto. Os insectos holometábolos sofrem transformações morfológicas, fisiológicas e comportamentais significativas durante a metamorfose, levando ao aparecimento de adultos com adaptações especializadas para a reprodução, dispersão, procura de alimento e interações ecológicas.

1. **Fase de ovo**

- O ciclo de vida dos insectos holometábolos começa com a fase de ovo, em que as fêmeas depositam ovos fertilizados, frequentemente em habitats protegidos ou adequados ao desenvolvimento das larvas.
- Os ovos contêm material genético de ambos os progenitores e estão adaptados para suportar as condições ambientais até à eclosão.

2. **Fase Larval**

- Após a eclosão, os insectos holometábolos entram na fase larvar, que é especializada na alimentação, crescimento e desenvolvimento.
- As larvas têm frequentemente formas corporais, peças bucais, métodos de locomoção e hábitos alimentares distintos, específicos do seu nicho ecológico e estilo de vida.
- As larvas sofrem várias mudas (instares) à medida que crescem, perdendo o seu exoesqueleto (ecdise) para se adaptarem ao aumento do tamanho do corpo e às alterações de desenvolvimento.
- As fases larvares são caracterizadas por um crescimento rápido, consumo de nutrientes e preparação para a metamorfose na forma adulta.

3. **Fase Pupal**

- A metamorfose nos insectos holometábolos culmina na fase de pupa, em que os tecidos larvares sofrem uma extensa remodelação, degeneração e reorganização para formar estruturas adultas.
- As pupas são frequentemente imóveis, quiescentes e encerradas em estruturas de proteção, como casulos, caixas de pupas ou tocas.
- Durante o desenvolvimento pupal, os órgãos e tecidos das larvas são

decompostos e os discos imaginais (aglomerados de células indiferenciadas) diferenciam-se em estruturas adultas, incluindo asas, patas, antenas, órgãos reprodutores e sistemas sensoriais.

- Ocorrem alterações metamórficas internas, incluindo a formação da cutícula, musculatura, sistema nervoso, sistema digestivo e sistema respiratório do adulto.

4. **Fase adulta**

- Depois de completar a metamorfose, os adultos emergem da caixa pupal ou do casulo como indivíduos sexualmente maduros com estruturas adultas completamente desenvolvidas e adaptações especializadas.
- Os insectos adultos estão normalmente equipados com asas funcionais para o voo (se aplicável), órgãos reprodutores para acasalamento e postura de ovos, órgãos sensoriais para deteção de sinais ambientais e comportamentos específicos para o seu papel de adulto.
- Os adultos participam em actividades reprodutivas, procura de alimentos, dispersão, defesa territorial, comunicação (por exemplo, chamamentos de acasalamento, sinalização por feromonas) e interações com os conspecíficos e o ambiente.
- A fase adulta é crucial para a manutenção das populações, a dispersão para novos habitats, a contribuição para os processos ecológicos (por exemplo, polinização, predação, decomposição) e a conclusão do ciclo de vida através da reprodução.

Exemplos de insectos holometábolos

1. **Borboletas e traças**:

    - As larvas das borboletas (lagartas) sofrem metamorfose em crisálidas (pupas), onde se transformam em borboletas adultas com asas, antenas e peças bucais especializadas para se alimentarem de néctar.
    - As larvas de traça (lagartas) sofrem metamorfose em casulos (pupas), emergindo como traças adultas com diversos padrões de asas, antenas e comportamentos adequados a estilos de vida noturnos.

2. **Escaravelhos**:

    - As larvas de escaravelho (larvas) desenvolvem-se em vários substratos (solo, madeira, estrume) antes de se transformarem em pupas compactas.
    - Os escaravelhos adultos emergem com os élitros endurecidos (asas anteriores), peças bucais mastigadoras e diversas adaptações para se alimentarem de plantas, fungos, carniça ou outros insectos.

3. **Moscas**:

    - As larvas de mosca (larvas) desenvolvem-se em diversos habitats, como matéria orgânica em decomposição, solo, água ou organismos hospedeiros.

    O desenvolvimento pupal nas moscas ocorre dentro de estruturas de pupários, levando ao aparecimento de moscas adultas com asas, olhos compostos e peças bucais especializadas (por exemplo, esponjas, sugadores-perfuradores ou peças bucais perfuradoras-esponjosas).

4. **Abelhas e vespas**:

   - As larvas de abelha desenvolvem-se em células hexagonais dentro das colmeias, passando por metamorfose em pupas e emergindo como abelhas adultas com estruturas de recolha de pólen, glândulas produtoras de cera e comportamentos sociais complexos.
   - As larvas de vespa desenvolvem-se em ninhos ou câmaras solitárias, transformando-se em vespas adultas com diversos estilos de vida (por exemplo, sociais, parasitas, predadoras) e adaptações para a caça, defesa ou construção de ninhos.

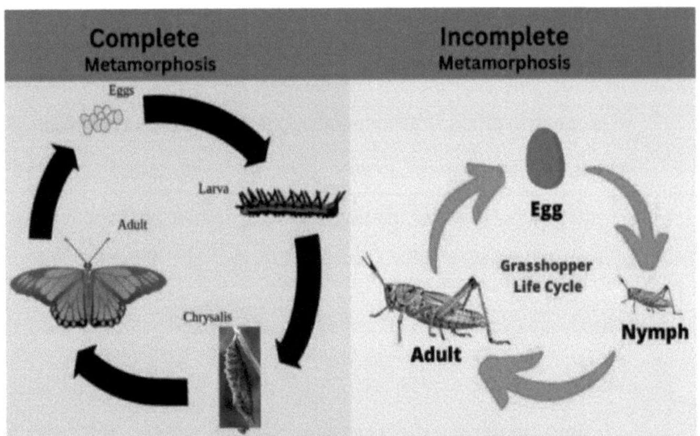

Figura 13; Metamorfose completa e incompleta

4.4. Sistema reprodutor dos insectos

O sistema reprodutor dos insectos é um sistema complexo e especializado, adaptado a uma reprodução bem sucedida, à atração de parceiros, à fertilização e à postura de ovos. Tanto os insectos machos como as fêmeas possuem estruturas e órgãos reprodutores distintos que desempenham papéis cruciais no processo reprodutivo. Vamos explorar em pormenor os sistemas reprodutores dos insectos:

Sistema reprodutor masculino:

1. **Testes**:
   - Os insectos machos têm testículos emparelhados, que são responsáveis pela produção de espermatozóides (espermatogénese).
   - Os testículos estão frequentemente localizados na região abdominal, ligados ao trato reprodutor através de ductos.
2. **Vasa Deferentia**:
   - Os espermatozóides produzidos nos testículos viajam através dos vasos deferentes, também conhecidos como canais espermáticos ou canais seminais.
   - Os vasos deferentes transportam os espermatozóides para as glândulas acessórias para maturação e armazenamento antes da ejaculação.
3. **Glândulas de acessórios**:
   - Os insectos machos têm glândulas acessórias que produzem o líquido seminal, que contém nutrientes, enzimas e substâncias que nutrem e activam os espermatozóides.
   - O líquido seminal aumenta a motilidade, viabilidade e fertilidade dos espermatozóides durante o acasalamento e a fertilização.
4. **Ducto Ejaculatório**:

   O ducto ejaculatório é a porção final do trato reprodutor masculino responsável pela transferência de esperma maduro e líquido seminal para a fêmea durante a cópula.

5. **Estruturas copulatórias**:

   - o Os insectos machos podem ter estruturas copulatórias especializadas ou órgãos genitais adaptados ao acasalamento e à transferência de esperma.
   - o Os exemplos incluem claspers, aedeagi, falos ou genitais externos modificados para uma cópula eficiente com fêmeas da mesma espécie.

Sistema reprodutor feminino:

1. **Ovários**:

   - o As fêmeas de insectos possuem ovários emparelhados, que produzem ovos (oócitos) através da oogénese.

   Os ovários estão frequentemente localizados na região abdominal, ligados ao trato reprodutor através de ovidutos.

2. **Oviductos**:

   - o Os ovócitos produzidos nos ovários viajam através dos ovidutos, também conhecidos como ovodutos ou oodutos.
   - o Os ovidutos transportam os ovos para a espermateca para armazenamento, fertilização ou oviposição.

3. **Spermatheca**:

   - o A espermateca é um órgão especializado no sistema reprodutor feminino para armazenar e preservar os espermatozóides recebidos durante o acasalamento.
   - o O esperma armazenado na espermateca pode permanecer viável

durante longos períodos, permitindo que as fêmeas fertilizem vários lotes de ovos ao longo do tempo.

4. **Glândulas de acessórios**:
   - As fêmeas de insectos podem ter glândulas acessórias associadas ao trato reprodutor que segregam substâncias para revestir os ovos, formar caixas de ovos ou fornecer nutrientes para os embriões em desenvolvimento.
   - As secreções das glândulas acessórias contribuem para a viabilidade, proteção e desenvolvimento embrionário dos ovos.
5. **Abertura genital**:
   - A abertura genital, situada no abdómen da fêmea, é o local da cópula, da receção do esperma, da postura dos ovos (oviposição) e dos comportamentos de acasalamento.

Acasalamento e fertilização:

1. **Comportamentos de acasalamento**:
   - Os insectos apresentam diversos comportamentos de acasalamento, incluindo exibições de cortejo, sinalização de feromonas, defesa territorial, reconhecimento de parceiros e rituais copulatórios específicos de cada espécie.
   - Os comportamentos de acasalamento envolvem frequentemente pistas visuais, sinais químicos, interações tácteis e comunicação acústica para facilitar uma cópula bem sucedida.
2. **Copulação**:
   - Durante a cópula, os insectos machos transferem espermatozóides do seu aparelho reprodutor para o aparelho

reprodutor da fêmea, geralmente através do contacto genital ou de estruturas copulatórias especializadas.

- Os espermatozóides são armazenados na espermateca da fêmea para futura fertilização dos óvulos.

3. **Fertilização**:

- A fertilização ocorre internamente na maioria dos insectos, onde os espermatozóides armazenados na espermateca fertilizam os ovos maduros (oócitos) à medida que estes passam pelos ovidutos.

- Os ovos fertilizados desenvolvem-se em embriões dentro do trato reprodutivo da fêmea ou são postos no exterior para se desenvolverem.

Oviposição e desenvolvimento do ovo:

1. **Oviposição**:

- Após a fertilização, os insectos fêmeas depositam os ovos (oviposição) em habitats adequados ou em plantas hospedeiras que favoreçam a sobrevivência da descendência.

- Os comportamentos de oviposição, a seleção do local e as estratégias de postura de ovos variam entre as espécies de insectos com base em requisitos ecológicos, disponibilidade de recursos e estratégias reprodutivas.

2. **Desenvolvimento do ovo**:

- Os ovos fertilizados sofrem desenvolvimento embrionário, incluindo divisão celular, diferenciação, organogénese e morfogénese, dentro das cascas protectoras dos ovos ou invólucros.

- A duração do desenvolvimento dos ovos, as fases embrionárias e o tempo de eclosão variam muito entre os taxa de insectos, influenciados por factores ambientais como a temperatura, a humidade e as condições do substrato.

Estratégias e adaptações reprodutivas:

1. **Dimorfismo sexual**:
   - Em muitas espécies de insectos, os machos e as fêmeas apresentam dimorfismo sexual, com diferenças no tamanho do corpo, coloração, genitais e comportamentos reprodutivos.
   - O dimorfismo sexual reflecte frequentemente adaptações relacionadas com a atração pelo parceiro, a competição, o sucesso reprodutivo e os papéis específicos da espécie nos sistemas de acasalamento.
2. **Órgãos reprodutores**:
   - A estrutura e a complexidade dos órgãos reprodutores dos insectos variam consoante os taxa e podem ser influenciadas por comportamentos de acasalamento, frequência de acasalamento, competição de esperma e estratégias reprodutivas.
   - Estruturas reprodutivas especializadas e adaptações contribuem para a transferência eficiente de esperma, o sucesso da fertilização e a sobrevivência da descendência em diversos ambientes.

3. **Estratégias de postura de ovos**:

    - Os insectos utilizam várias estratégias de postura de ovos, incluindo a oviposição em tecidos específicos de plantas, no solo ou na água, dentro de organismos hospedeiros (parasitismo) ou dentro de estruturas de proteção (ninhos, casulos) para aumentar a sobrevivência da descendência.
    - Os comportamentos de postura dos ovos são influenciados por sinais ambientais, disponibilidade de recursos, dinâmica predador-presa e estratégias de cuidados parentais.

4. **Tempo de reprodução**:

    - O calendário reprodutivo dos insectos, a sazonalidade e a diapausa reprodutiva (suspensão temporária da atividade reprodutiva) são regulados por sinais ambientais como o fotoperíodo, a temperatura, a humidade e a disponibilidade de alimentos.
    - As adaptações do calendário reprodutivo asseguram condições óptimas para o acasalamento, oviposição, desenvolvimento larvar e sobrevivência da descendência em habitats flutuantes ou sazonais.

O sistema reprodutor dos insectos apresenta adaptações, diversidade e complexidade notáveis, adaptadas a diversos nichos ecológicos, estratégias reprodutivas e caraterísticas da história de vida. A compreensão da biologia reprodutiva dos insectos permite compreender a dinâmica das populações, os processos evolutivos, as interações entre espécies e os papéis ecológicos nos ecossistemas naturais.

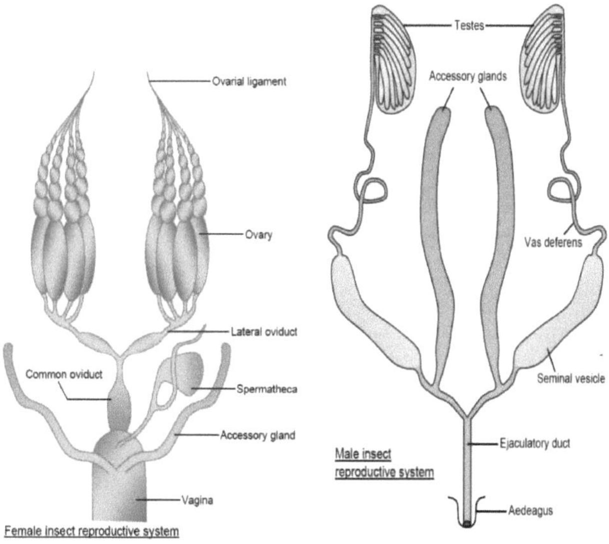

Figura 14: Estruturas de reprodução dos insectos

4.5. Processo de re-produção de insectos

O ciclo de reprodução dos insectos engloba a série de eventos e fases envolvidas no processo reprodutivo dos insectos, desde o acasalamento e a fertilização até à postura dos ovos, ao desenvolvimento e à emergência da descendência. Este ciclo varia entre espécies de insectos com base nas suas caraterísticas de história de vida, estratégias reprodutivas, nichos ecológicos e condições ambientais. Segue-se uma visão geral das fases típicas do ciclo de reprodução dos insectos:

1. Acasalamento e cortejamento:

- **Comportamentos de acasalamento**: Os insectos apresentam diversos comportamentos de acasalamento, incluindo rituais de cortejo, sinalização de feromonas, exibições visuais e comunicação acústica para atrair parceiros e assegurar uma cópula bem sucedida.

- **Reconhecimento de parceiros**: Os insectos utilizam frequentemente pistas específicas da espécie, como feromonas, padrões visuais ou sinais sonoros, para reconhecer e selecionar parceiros adequados.
- **Copulação**: Os insectos machos transferem espermatozóides para as fêmeas durante a cópula, quer diretamente através do contacto genital, quer através de estruturas copulatórias especializadas.

2. **Fertilização:**
   - **Fertilização interna**: Muitos insectos sofrem fertilização interna, em que os espermatozóides do macho fertilizam os óvulos dentro do trato reprodutor da fêmea.
   - **Armazenamento de esperma**: As fêmeas podem armazenar esperma em órgãos especializados (espermateca) durante longos períodos, permitindo múltiplas fertilizações e posturas de ovos.
3. **Oviposição (postura de ovos):**
   - **Desenvolvimento do ovo**: Os ovos fertilizados (óvulos) desenvolvem-se dentro do corpo da fêmea ou em caixas de ovos externas, passando por desenvolvimento embrionário e diferenciação.
   - **Comportamentos de oviposição**: Os insectos fêmeas depositam os ovos fertilizados em habitats adequados, selecionando frequentemente plantas hospedeiras específicas, solo, água ou outros substratos propícios à sobrevivência da descendência.
   - **Proteção dos ovos**: Os ovos podem ser postos individualmente, em grupos ou dentro de estruturas de proteção (ninhos, casulos) para aumentar a proteção contra a predação, a dessecação ou o stress ambiental.
4. **Desenvolvimento do ovo e crescimento embrionário:**

- **Embriogénese**: Os ovos fertilizados sofrem desenvolvimento embrionário, incluindo divisão celular, diferenciação e organogénese, levando à formação de tecidos e órgãos especializados.
- **Influências ambientais**: Os factores ambientais, como a temperatura, a humidade e as condições do substrato, influenciam o desenvolvimento dos ovos, o tempo de eclosão e a viabilidade da descendência.

5. **Desenvolvimento larvar:**

- **Eclosão**: Os ovos fertilizados eclodem em larvas (estádios imaturos) com formas corporais distintas, peças bucais, métodos de locomoção e hábitos alimentares adaptados ao seu nicho ecológico.
- **Alimentação e crescimento**: As larvas passam por um rápido crescimento e desenvolvimento, alimentando-se de matéria vegetal, detritos, outros insectos ou de dietas especializadas baseadas na sua espécie e estilo de vida.
- **Mudança**: As larvas efectuam várias mudas (instares) para se adaptarem ao crescimento, perdendo o seu exoesqueleto (ecdise) e desenvolvendo novas estruturas entre as mudas.

6. **Metamorfose pupal:**

- **Fase de pupa**: Muitos insectos passam por uma fase de pupa caracterizada por uma metamorfose dramática, em que as estruturas larvares são remodeladas, degeneradas e reorganizadas em estruturas adultas.
- **Mudanças internas**: Os discos imaginais no corpo da pupa diferenciam-se em tecidos adultos, incluindo asas, pernas, antenas, órgãos reprodutores e sistemas sensoriais.

- **Quiescência**: As pupas são frequentemente imóveis e sofrem alterações fisiológicas sem se alimentarem até à fase adulta.

7. **Emergência de adultos e maturidade reprodutiva:**

- **Morfologia do adulto**: Os insectos adultos emergem das pupas com asas completamente desenvolvidas, órgãos reprodutores, estruturas sensoriais e comportamentos de adulto.
- **Maturidade sexual**: Os adultos tornam-se sexualmente maduros e capazes de acasalar, pôr ovos e contribuir para a geração seguinte de descendentes.
- **Sucesso reprodutivo**: Os adultos envolvem-se em comportamentos reprodutivos, procurando recursos, atraindo parceiros e ovipositando para garantir a sobrevivência e a dispersão da sua descendência.

8. **Diapausa reprodutiva e adaptações sazonais:**

- **Diapausa**: Algumas espécies de insectos entram em diapausa reprodutiva, um período de reduzida atividade reprodutiva, muitas vezes desencadeado por sinais ambientais como o fotoperíodo, a temperatura ou a disponibilidade de recursos.
- **Sincronização sazonal**: Os insectos podem sincronizar os seus ciclos reprodutivos com as mudanças sazonais, assegurando condições óptimas para o acasalamento, a oviposição, o desenvolvimento das larvas e a sobrevivência da descendência.

O ciclo de reprodução dos insectos é influenciado por factores genéticos, fisiológicos, ambientais e ecológicos que determinam o momento, o sucesso e as estratégias utilizadas pelas diferentes espécies de insectos para se reproduzirem e perpetuarem as suas populações em diversos habitats e ecossistemas

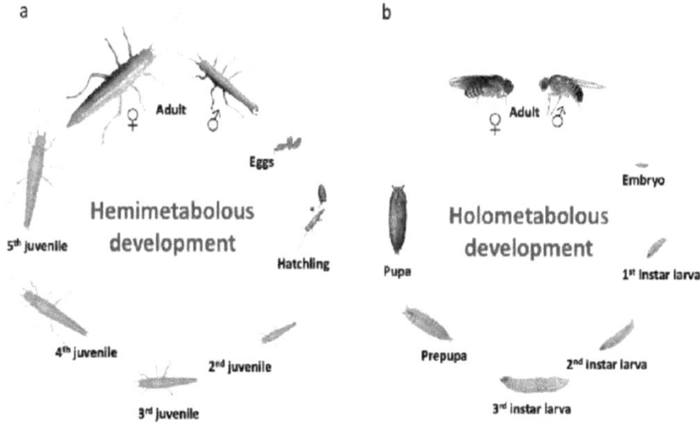

Figura 15: Tipos e processos de reprodução dos insectos

Capítulo 5. Ecologia dos insectos

5.1. Introdução à ecologia dos insectos

A ecologia dos insectos engloba o estudo das relações entre os insectos, o seu ambiente e outros organismos nos ecossistemas. Investiga as intrincadas interações, comportamentos, adaptações e papéis ecológicos desempenhados pelos insectos, que se encontram entre os organismos mais diversos e abundantes da Terra. Compreender a ecologia dos insectos é crucial para compreender a dinâmica dos ecossistemas, o ciclo de nutrientes, a manutenção da biodiversidade e os serviços que os insectos prestam aos ecossistemas e às sociedades humanas.

Os insectos têm uma enorme importância ecológica devido às suas diversas funções. São os principais polinizadores das plantas com flor, essenciais nos ecossistemas agrícolas e naturais. Além disso, funcionam como herbívoros, predadores, necrófagos, decompositores e parasitas, influenciando as interações tróficas, as teias alimentares e os fluxos de nutrientes nos ecossistemas. O seu impacto estende-se ao funcionamento, resiliência e estabilidade dos ecossistemas.

A vasta diversidade de espécies de insectos, desde os escaravelhos às borboletas, mostra uma série de adaptações a diferentes habitats e nichos ecológicos. As estratégias de história de vida dos insectos variam muito, incluindo diferentes modos de metamorfose (hemimetábolo e holometábolo), comportamentos reprodutivos, fases de desenvolvimento e ciclos de vida adaptados a condições ambientais específicas.

A dinâmica populacional em comunidades de insectos envolve processos como o crescimento da população, a regulação, a competição e as interações dependentes da densidade. As interações entre insectos, tanto dentro das espécies como entre espécies, abrangem um espetro de comportamentos e relações, incluindo a competição, a cooperação, a predação, o parasitismo, o mutualismo e a territorialidade.

As adaptações comportamentais e os mecanismos de comunicação, como as estratégias de procura de alimentos, os sinais químicos (feromonas), as pistas visuais e os sinais acústicos, desempenham papéis cruciais na sobrevivência, reprodução e interações dos insectos com o seu ambiente e com os seus conspecíficos.

Os insectos apresentam várias adaptações fisiológicas e comportamentais a factores ambientais como a temperatura, a humidade, a disponibilidade de recursos e a estrutura do habitat. Estas adaptações incluem a termorregulação, a osmorregulação, os padrões de atividade diurna/noturna, a migração, a camuflagem e os mecanismos de defesa contra predadores ou factores de stress ambiental.

Os insectos são componentes integrais dos ecossistemas, contribuindo para a polinização, a decomposição, o ciclo de nutrientes e o fluxo de energia. As interações entre o homem e os insectos são diversas, abrangendo práticas agrícolas, gestão de pragas, doenças transmitidas por vectores, entomologia médica e esforços de conservação para preservar a biodiversidade dos insectos e os serviços prestados pelos ecossistemas.

Os métodos de investigação em ecologia de insectos envolvem uma série de técnicas, incluindo amostragem no terreno, experiências laboratoriais, estudos de observação, análise de dados e abordagens de modelização. As colaborações interdisciplinares são cruciais para fazer avançar os conhecimentos e enfrentar desafios ecológicos complexos relacionados com as populações de insectos, a perda de biodiversidade, a degradação dos habitats e as alterações ambientais globais.

Em resumo, a ecologia dos insectos é um campo multidisciplinar que ilumina a intrincada rede de interações, adaptações, comportamentos e funções ecológicas dos insectos nos ecossistemas. O estudo da ecologia dos insectos é essencial para a conservação, a gestão sustentável e a compreensão da intrincada dinâmica dos sistemas naturais que suportam a vida na Terra.

5.2. Diversidade e distribuição de insectos

Os insectos constituem um grupo de organismos incrivelmente diversificado, representando uma parte significativa da biodiversidade global. A sua distribuição abrange uma vasta gama de habitats, desde ecossistemas terrestres a ecossistemas de água doce e marinhos. Compreender a diversidade e a distribuição dos insectos é essencial para compreender o seu papel ecológico, a sua história evolutiva e as suas implicações em termos de conservação.

Taxonomia e classificação: A taxonomia dos insectos envolve a classificação sistemática dos insectos em ordens, famílias, géneros e espécies com base em caraterísticas morfológicas, genéticas e ecológicas. As principais ordens de insectos incluem Coleoptera (escaravelhos), Lepidoptera (borboletas e traças), Diptera (moscas), Hymenoptera (formigas, abelhas, vespas) e Hemiptera (insectos verdadeiros), entre outras. Cada ordem engloba diversas famílias e espécies adaptadas a habitats e nichos ecológicos específicos.

Padrões de distribuição global: Os insectos apresentam diversos padrões de distribuição influenciados por factores como o clima, a geografia, a disponibilidade de habitat e a biogeografia histórica. Habitam todos os continentes, desde regiões polares a florestas tropicais húmidas, desertos, pradarias e ambientes aquáticos. As espécies endémicas encontram-se frequentemente em ecossistemas isolados ou em regiões com condições ambientais únicas, contribuindo para os hotspots regionais de biodiversidade e para as prioridades de conservação.

Factores que influenciam a distribuição: A distribuição dos insectos é determinada por uma série de factores bióticos e abióticos:

1. Clima e temperatura: Os insectos têm preferências de temperatura, o que influencia os seus padrões de distribuição ao longo dos gradientes de temperatura e das zonas climáticas.
2. Diversidade de habitats: Os insectos habitam diversos habitats, incluindo florestas, prados, zonas húmidas, montanhas, grutas e zonas urbanas, adaptando-se a micro-habitats e nichos ecológicos específicos.
3. Plantas hospedeiras e recursos: Muitos insectos estão associados a plantas hospedeiras ou recursos específicos, influenciando a sua distribuição com base na disponibilidade de hospedeiros e na especialização de recursos.
4. Capacidade de dispersão: Os mecanismos de dispersão dos insectos variam, incluindo o voo, a marcha, a deriva nas correntes de vento ou de água, a foresia (boleia) e o transporte passivo por animais ou seres humanos.
5. Competição e Interações: A competição com outras espécies, a predação, o parasitismo, as relações mutualistas e as interações bióticas moldam a distribuição dos insectos e a estrutura da comunidade.

Regiões biogeográficas: A distribuição dos insectos é frequentemente estudada no contexto de regiões e domínios biogeográficos, tais como as regiões Neárctica, Paleártica, Neotropical, Afrotropical, Oriental e Australiana. Cada região tem faunas de insectos distintas, espécies endémicas e histórias evolutivas moldadas por factores geológicos, climáticos e ecológicos.

Os estudos de diversidade e distribuição de insectos contribuem para a compreensão da riqueza, abundância, raridade, endemismo e prioridades de conservação das espécies. Os esforços de conservação centram-se na proteção de diversos habitats, na manutenção da conetividade dos ecossistemas, na atenuação da fragmentação dos habitats, na abordagem das ameaças das espécies invasoras e na promoção de práticas sustentáveis de utilização dos solos para preservar a biodiversidade dos insectos e o funcionamento dos ecossistemas.

5.3. Classificação dos insectos

A classificação dos insectos consiste em organizá-los em grupos taxonómicos com base nas suas caraterísticas comuns e relações evolutivas. Eis um resumo da classificação hierárquica dos insectos:

1. **Reino:** Animália
    - Os insectos fazem parte do reino animal, caracterizado por organismos multicelulares, eucarióticos e heterotróficos (obtêm nutrientes consumindo outros organismos).
2. **Filo:** Arthropoda
    - Os insectos pertencem ao filo Arthropoda, que inclui organismos com corpos segmentados, apêndices articulados e um

exoesqueleto feito de quitina.

- o Outros artrópodes incluem aracnídeos (aranhas, escorpiões), crustáceos (caranguejos, camarões) e miriápodes (centopeias, milípedes).

3. **Subfilo:** Hexapoda

- o Os insectos são classificados no subfilo Hexapoda, devido às suas seis patas, que são caraterísticas da maioria das espécies de insectos.
- o Os hexápodes também incluem os colêmbolos e outros grupos relacionados.

4. **Classe:** Insectos

- o Os insectos pertencem à classe Insecta, que se caracteriza por três segmentos corporais (cabeça, tórax, abdómen), três pares de patas, um ou dois pares de asas (na maioria das espécies) e antenas.
- o Os insectos são o maior e mais diversificado grupo da classe Insecta.

Dentro da classe Insecta, os insectos são ainda classificados em numerosas ordens, famílias, géneros e espécies com base nas suas caraterísticas específicas, comportamentos e história evolutiva. Algumas das principais ordens de insectos incluem:

1. **Coleópteros (escaravelhos):** A maior ordem de insectos, caracterizada por asas anteriores endurecidas (élitros) que cobrem as asas posteriores.
2. **Lepidópteros (Borboletas e Traças):** Reconhecidos pelas suas asas

escamadas e ciclos de vida complexos que envolvem lagartas (larvas) e adultos (imago).

3. **Dípteros (moscas):** Possuem um par de asas e asas posteriores especializadas, chamadas halteres, utilizadas para o equilíbrio durante o voo.
4. **Hymenoptera (Formigas, Abelhas, Vespas):** Insectos sociais com sistemas de castas complexos, muitas vezes com ferrões e um forte sentido de organização social.
5. **Orthoptera (Gafanhotos, Grilos):** Conhecidos pelas suas poderosas patas traseiras adaptadas para saltar e produzir sons de chilreio.
6. **Hemiptera (Insectos verdadeiros):** Inclui insectos com peças bucais perfurantes-sugadoras e asas anteriores que formam um escudo protetor sobre o abdómen.
7. **Odonata (libélulas e libelinhas):** Insectos predadores com grandes olhos compostos, corpos longos e dois pares de asas membranosas.
8. **Isoptera (Térmitas):** Insectos sociais que se alimentam de madeira e celulose, formando colónias complexas com castas distintas.
9. **Neuroptera (crisopídeos, antílopes):** Caracterizam-se frequentemente por asas delicadas e rendilhadas e por comportamentos predatórios nas suas fases larvares.
10. **Coleópteros (escaravelhos):** A maior ordem de insectos, caracterizada por asas anteriores endurecidas (élitros) que cobrem as asas posteriores.
11. **Lepidópteros (Borboletas e Traças):** Reconhecidos pelas suas asas escamadas e ciclos de vida complexos que envolvem lagartas (larvas)

e adultos (imago).

12. **Dípteros (moscas):** Possuem um par de asas e asas posteriores especializadas, chamadas halteres, utilizadas para o equilíbrio durante o voo.
13. **Hymenoptera (Formigas, Abelhas, Vespas):** Insectos sociais com sistemas de castas complexos, muitas vezes com ferrões e um forte sentido de organização social.
14. **Orthoptera (Gafanhotos, Grilos):** Conhecidos pelas suas poderosas patas traseiras adaptadas para saltar e produzir sons de chilreio.
15. **Hemiptera (Insectos verdadeiros):** Inclui insectos com peças bucais perfurantes-sugadoras e asas anteriores que formam um escudo protetor sobre o abdómen.
16. **Odonata (libélulas e libelinhas):** Insectos predadores com grandes olhos compostos, corpos longos e dois pares de asas membranosas.
17. **Isoptera (Térmitas):** Insectos sociais que se alimentam de madeira e celulose, formando colónias complexas com castas distintas.
18. **Neuroptera (crisopídeos, antílopes):** Caracterizam-se frequentemente por asas delicadas e rendilhadas e por comportamentos predatórios nas suas fases larvares.

Este sistema de classificação ajuda os cientistas e investigadores a organizar e estudar a vasta diversidade de espécies de insectos, a compreender as suas relações evolutivas e a explorar os seus papéis ecológicos nos ecossistemas.

5.4. História e estratégia de vida dos insectos

As estratégias de história de vida dos insectos referem-se às diversas adaptações e comportamentos exibidos pelos insectos ao longo dos seus ciclos de vida, incluindo padrões reprodutivos, fases de desenvolvimento e estratégias de sobrevivência. Estas estratégias são moldadas por factores ambientais, pressões evolutivas e nichos ecológicos. Eis algumas das principais estratégias de história de vida observadas nos insectos:

1. **Estratégias de reprodução**:
   - **Semelparidade vs. Iteroparidade:** Alguns insectos são semelparos, o que significa que se reproduzem apenas uma vez durante a sua vida antes de morrerem (por exemplo, as efémeras). Outros são iteroparos, capazes de múltiplos eventos reprodutivos ao longo da sua vida (por exemplo, muitos escaravelhos e borboletas).
   - **Tempo de reprodução:** Os insectos podem sincronizar a reprodução com condições ambientais favoráveis, tais como alterações sazonais, disponibilidade de recursos ou oportunidades de acasalamento.
2. **Modos de desenvolvimento**:
   - **Metamorfose:** Os insectos apresentam diferentes tipos de metamorfose. Os insectos holometábolos sofrem uma metamorfose completa com fases distintas de larva, pupa e adulto (por exemplo, borboletas). Os insectos hemimetábolos têm uma metamorfose gradual ou incompleta com fases ninfais que se assemelham a adultos (por exemplo, gafanhotos).
   - **Desenvolvimento direto:** Alguns insectos saltam os estádios larvares ou ninfais e desenvolvem-se diretamente do ovo para adultos em miniatura, contornando a metamorfose (por exemplo, o peixe-prata).

3. **Caraterísticas do ciclo de vida**:

   - **Vida curta vs. vida longa:** Os insectos podem ter um período de vida curto (por exemplo, as efémeras), que dura entre algumas horas e vários dias, enquanto outros vivem meses ou mesmo anos (por exemplo, escaravelhos, formigas).
   - **Diapausa sazonal:** Muitos insectos entram em diapausa, um período de atividade reduzida ou dormência, para sobreviver a estações ou condições ambientais desfavoráveis. A diapausa ajuda a sincronizar as fases do ciclo de vida com as mudanças sazonais.

4. **Estratégias de alimentação**:

   - **Herbivoria:** Os insectos herbívoros alimentam-se de tecidos vegetais, folhas, seiva ou madeira, adaptando-se a espécies vegetais e defesas específicas.
   - **Predação e Parasitismo:** Os insectos predadores caçam e consomem outros insectos ou presas, enquanto os insectos parasitas vivem sobre ou dentro de organismos hospedeiros, alterando frequentemente o comportamento ou a fisiologia do hospedeiro.

5. **Dispersão e migração**:

   - **Capacidade de dispersão:** Os insectos apresentam vários mecanismos de dispersão, incluindo o voo, a marcha, a deriva nas correntes de vento ou a boleia em hospedeiros ou veículos.
   - **Migração:** Alguns insectos efectuam migrações sazonais de longa distância para explorar recursos, evitar condições

adversas ou completar fases do ciclo de vida em diferentes habitats (por exemplo, borboletas-monarca, gafanhotos).

6. **Estratégias de reprodução**:
   - **Semelparidade vs. Iteroparidade:** Alguns insectos são semelparos, o que significa que se reproduzem apenas uma vez durante a sua vida antes de morrerem (por exemplo, as efémeras). Outros são iteroparos, capazes de múltiplos eventos reprodutivos ao longo da sua vida (por exemplo, muitos escaravelhos e borboletas).
   - **Tempo de reprodução:** Os insectos podem sincronizar a reprodução com condições ambientais favoráveis, tais como alterações sazonais, disponibilidade de recursos ou oportunidades de acasalamento.
7. **Trade-offs da história de vida**:
   - Os insectos enfrentam frequentemente compromissos entre investir recursos no crescimento, na reprodução e na sobrevivência. Por exemplo, investir no crescimento rápido e na reprodução precoce pode reduzir a longevidade ou vice-versa.
   - A variabilidade ambiental, a pressão da predação, a disponibilidade de recursos e a competição influenciam as estratégias e os compromissos relativos ao ciclo de vida.
8. **Caraterísticas do ciclo de vida**:
   - **Vida curta vs. vida longa:** Os insectos podem ter um período de vida curto (por exemplo, as efémeras), que dura entre algumas

horas e vários dias, enquanto outros vivem meses ou mesmo anos (por exemplo, escaravelhos, formigas).

- **Diapausa sazonal:** Muitos insectos entram em diapausa, um período de atividade reduzida ou dormência, para sobreviver a estações ou condições ambientais desfavoráveis. A diapausa ajuda a sincronizar as fases do ciclo de vida com as mudanças sazonais.

5.5. Dinâmica das populações de insectos

A dinâmica das populações de insectos refere-se ao estudo das alterações nas populações de insectos ao longo do tempo, incluindo os factores que influenciam o crescimento, a regulação, as flutuações e a distribuição das populações. Compreender a dinâmica das populações é crucial para a investigação ecológica, a gestão de pragas, os esforços de conservação e a previsão das respostas das espécies às alterações ambientais. Eis os principais aspectos da dinâmica das populações de insectos:

1. **Modelos de crescimento populacional**:
    - **Crescimento exponencial:** Em condições ideais, com recursos abundantes e sem factores limitantes, as populações de insectos podem apresentar um crescimento exponencial, em que os números aumentam rapidamente ao longo do tempo.
    - **Crescimento logístico:** As populações do mundo real experimentam um crescimento logístico, atingindo uma capacidade de carga onde os recursos se tornam limitados, levando a uma estabilização do tamanho da população.

2. **Mecanismos de regulação das populações**:

  - o **Factores dependentes da densidade:** Estes factores regulam a dimensão da população com base na densidade populacional. Os exemplos incluem a competição por recursos, a predação, o parasitismo, a transmissão de doenças e as interações intra-específicas.
  - o **Factores independentes da densidade:** Estes factores afectam as populações independentemente da densidade, tais como fenómenos meteorológicos, destruição do habitat, poluição e alterações climáticas.

3. **Flutuações populacionais**:

  - o **Variações sazonais:** Muitas populações de insectos apresentam flutuações sazonais na sua abundância, influenciadas por factores como a temperatura, a precipitação, a disponibilidade de alimentos e os ciclos reprodutivos.
  - o **Flutuações cíclicas:** Algumas populações de insectos sofrem flutuações cíclicas ao longo de vários anos ou décadas, impulsionadas por interações com outras espécies, oscilações climáticas ou dinâmicas predador-presa.

4. **Estrutura e dinâmica das populações**:

  - o **Estrutura etária:** As populações de insectos podem ter diferentes grupos etários (por exemplo, ovos, larvas, pupas, adultos) com taxas de sobrevivência, taxas de crescimento e capacidades reprodutivas variáveis.
  - o **Dinâmica de Metapopulações:** Em paisagens fragmentadas, as

populações de insectos formam metapopulações com subpopulações interligadas, afectando a dinâmica de dispersão, colonização e extinção-recolonização.

5. **Respostas das populações às alterações ambientais**:

   - **Alteração do habitat:** As actividades humanas, como a desflorestação, a urbanização e a agricultura, podem ter impacto nas populações de insectos, alterando os habitats, a disponibilidade de recursos e a conetividade.
   - **Alterações climáticas:** As populações de insectos podem alterar as suas áreas de distribuição, fenologia (calendário dos eventos do ciclo de vida) e comportamentos em resposta à variabilidade climática e ao aquecimento das temperaturas.
   - **Espécies invasoras:** A introdução de insectos invasores pode perturbar as populações nativas, competir por recursos e provocar o declínio ou a extinção de espécies endémicas.

6. **Monitorização e gestão das populações**:

   - **Vigilância:** A monitorização das populações de insectos através de inquéritos, armadilhas e técnicas de amostragem ajuda a avaliar as tendências populacionais, os surtos e as introduções de espécies invasoras.
   - **Gestão Integrada de Pragas (IPM):** As estratégias de IPM combinam métodos biológicos, químicos, culturais e físicos para gerir as pragas de insectos, minimizando os impactos ambientais e promovendo uma agricultura sustentável.
   - **Conservação:** Os esforços de conservação centram-se na

preservação de espécies de insectos ameaçadas ou em perigo de extinção, na recuperação de habitats, na criação de áreas protegidas e na mitigação de ameaças como a perda de habitat, a poluição e as alterações climáticas.

Ao estudar a dinâmica das populações de insectos, os cientistas podem elucidar as interações complexas entre os insectos, o seu ambiente e outros organismos, contribuindo para uma gestão eficaz das pragas, a conservação da biodiversidade e a gestão dos ecossistemas.

5.6. Interações entre insectos

As interações entre insectos abrangem uma vasta gama de relações e comportamentos entre os próprios insectos e entre os insectos e outros organismos no seu ambiente. Estas interações desempenham um papel crucial no funcionamento dos ecossistemas, no ciclo de nutrientes, na coexistência de espécies e nos processos evolutivos. Eis alguns dos principais tipos de interações entre insectos:

1. **Interações intra-específicas**:

   - **Competição:** Os insectos da mesma espécie ou população podem competir por recursos como alimentos, locais de nidificação, parceiros ou território. A competição pode influenciar o tamanho, a distribuição e o comportamento da população.

   - **Cooperação:** Alguns insectos apresentam comportamentos de cooperação dentro dos seus grupos ou colónias, como a procura colectiva de alimentos, a construção de ninhos, a defesa ou o cuidado com a descendência (por exemplo, insectos sociais como formigas, abelhas e térmitas).

   - **Agressão:** A agressão intra-específica pode ocorrer durante disputas territoriais, competições de acasalamento ou defesa de recursos, levando a hierarquias de domínio, fronteiras territoriais e estruturas sociais.

2. **Interações interespecíficas**:

   - **Predação:** Os insectos predadores consomem outros organismos (presas) para se alimentarem. A predação regula as populações de presas, molda a dinâmica predador-presa e influencia a estrutura da comunidade. Os exemplos incluem escaravelhos insectívoros, libélulas e louva-a-deus.
   - **Herbivoria:** Os insectos herbívoros alimentam-se de tecidos vegetais, influenciando o crescimento das plantas, a sua reprodução e a composição da comunidade. A herbivoria pode levar a interações coevolutivas entre plantas e herbívoros, moldando as defesas das plantas e as estratégias alimentares dos insectos.
   - **Parasitismo:** Os insectos parasitas vivem sobre ou dentro de organismos hospedeiros, obtendo nutrientes e recursos à custa do hospedeiro. O parasitismo pode afetar o comportamento, a fisiologia e a dinâmica populacional do hospedeiro. Exemplos incluem vespas parasitóides, pulgas e piolhos.
   - **Mutualismo:** As interações mutualistas beneficiam ambas as espécies que interagem. Os insectos estabelecem relações mutualistas com plantas (polinização), fungos (micorrizas), bactérias (simbiose) e outros organismos. A polinização por insectos (por exemplo, abelhas, borboletas) é vital para a reprodução das plantas e para o funcionamento do ecossistema.

- o **Comensalismo:** As interações comensais envolvem o benefício de uma espécie enquanto a outra não é afetada. Embora menos comuns nos insectos, os exemplos incluem a foresia (boleia) de ácaros ou insectos em hospedeiros maiores sem os prejudicar.

3. **Relações tróficas**:

   - o Os insectos ocupam vários níveis tróficos nas cadeias alimentares, incluindo os produtores primários (herbívoros), os predadores (carnívoros), os necrófagos (detritívoros) e os decompositores (saprófagos). As interações tróficas influenciam a transferência de energia, o ciclo de nutrientes e a dinâmica da cadeia alimentar.
   - o Os predadores e parasitóides de insectos ajudam a controlar as populações de pragas, mantendo o equilíbrio ecológico e reduzindo os surtos de pragas. No entanto, a predação ou o parasitismo excessivos podem também afetar espécies não visadas e perturbar os ecossistemas.

4. **Interações químicas e comportamentais**:

   - o **Ecologia química:** Os insectos utilizam sinais químicos (feromonas, aleloquímicos) para comunicação, acasalamento, marcação de território, respostas de alarme e reconhecimento de hospedeiros. As pistas químicas medeiam as interações sociais, os comportamentos reprodutivos e as interações ecológicas.
   - o **Interações comportamentais:** Os insectos apresentam diversos comportamentos (exibições agressivas, rituais de cortejo, mimetismo, camuflagem) que influenciam as interações com conspecíficos, predadores, presas e concorrentes. As adaptações comportamentais aumentam a sobrevivência, a reprodução e a

aquisição de recursos.

5.7. Comportamento e ecologia dos insectos

O comportamento e a ecologia dos insectos abrangem uma vasta gama de fenómenos fascinantes que desempenham um papel crucial na formação dos ecossistemas, nas interações entre espécies e nos processos evolutivos. Aqui está uma exploração dos principais aspectos do comportamento dos insectos e do seu significado ecológico:

1. **Estratégias de alimentação**:
   - **Comportamentos de alimentação:** Os insectos apresentam diversas estratégias de alimentação, incluindo herbivoria (alimentação de plantas), predação (caça e consumo de presas), necrófagos (alimentação de matéria em decomposição) e parasitismo (viver sobre ou dentro de hospedeiros).
   - **Seleção de recursos:** Os insectos utilizam várias pistas (químicas, visuais, tácteis) para localizar e selecionar recursos adequados (alimentos, parceiros, locais de oviposição) com base na qualidade nutricional, segurança e acessibilidade.
   - **Teoria da procura óptima de alimentos:** Os insectos optimizam frequentemente os seus esforços de procura de alimentos para maximizar o ganho de energia e minimizar os riscos e custos, equilibrando factores como o tamanho da presa, o tempo de manuseamento e o risco de predação.
2. **Comunicação**:
   - **Comunicação química:** Os insectos utilizam feromonas e aleloquímicos para comunicar, marcar territórios, atrair

parceiros, coordenar comportamentos sociais e alertar para o perigo (feromonas de alarme).

- **Comunicação acústica:** Muitos insectos produzem sons para atrair parceiros (cantos de chamada), defesa territorial, reconhecimento de espécies e para evitar predadores (cantos de socorro).

- **Sinais visuais:** Sinais visuais como a coloração do corpo, padrões, movimentos e exibições de cortejo desempenham papéis na comunicação, seleção de parceiros e aviso de toxicidade (coloração aposemática).

3. **Comportamentos sociais**:

- **Eusocialidade:** Alguns insectos, como as formigas, as abelhas e as térmitas, apresentam eusocialidade com estruturas sociais complexas, divisão do trabalho (castas), cuidados cooperativos com a ninhada e especialização reprodutiva (rainhas, operárias, zangões).
- **Vida solitária e em grupo:** Os insectos podem viver solitariamente, em pequenos grupos ou em grandes colónias, influenciando comportamentos relacionados com a partilha de recursos, defesa, comunicação e reprodução.

4. **Sistemas de acasalamento e comportamentos reprodutivos**:

- **Rituais de cortejamento:** Os insectos envolvem-se em elaboradas exibições de cortejo, comportamentos e sinais para atrair parceiros, avaliar a aptidão e assegurar o sucesso do acasalamento.

- **Guarda de parceiros:** Alguns machos guardam as fêmeas após o acasalamento para evitar a competição de esperma, assegurar a paternidade e aumentar o sucesso reprodutivo.
- **Dimorfismo sexual:** As diferenças de tamanho, coloração ou morfologia entre machos e fêmeas estão frequentemente relacionadas com estratégias de acasalamento, competição e escolha do parceiro.

5. **Mecanismos de defesa**:

- **Defesas químicas:** Os insectos utilizam defesas químicas como toxinas, repelentes ou feromonas para dissuadir os predadores, anunciar a toxicidade (aposematismo) ou marcar territórios.
- **Mimetismo:** Os insectos recorrem ao mimetismo (batesiano e mülleriano) para se assemelharem a modelos nocivos ou desagradáveis, para se protegerem dos predadores ou para terem mais sucesso na caça.
- **Defesas comportamentais:** Comportamentos defensivos como fugir, esconder-se, fazer bluff (exibições deimáticas), fingir-se de morto (tanatose) ou atacar predadores são estratégias comuns para evitar a predação.

6. **Migração e dispersão**:

- **Migração sazonal:** Muitos insectos efectuam migrações sazonais de longa distância para explorar recursos, escapar a condições adversas, completar fases do ciclo de vida ou evitar predadores.

- **Dispersão:** Os insectos dispersam-se através de voo, caminhada, deriva, foresia (boleia) ou transporte passivo para colonizar novos habitats, encontrar parceiros ou escapar à concorrência.

7. **Interações inseto-planta**:

- **Polinização:** Os insectos desempenham um papel crucial na polinização, transferindo o pólen entre as flores, facilitando a reprodução das plantas, a diversidade genética e a produção de frutos.
- **Herbivoria e defesas das plantas:** Os comportamentos alimentares dos insectos influenciam as defesas das plantas, a evolução dos metabolitos secundários e as corridas armamentistas coevolutivas entre plantas e herbívoros.

5.8. Adaptações dos insectos às condições ambientais

Os insectos desenvolveram numerosas adaptações para sobreviverem e prosperarem em diversas condições ambientais, desde temperaturas extremas a desertos áridos, altitudes elevadas, habitats aquáticos e paisagens urbanas. Estas adaptações englobam caraterísticas fisiológicas, morfológicas, comportamentais e de história de vida que aumentam a resistência dos insectos, a utilização de recursos e o sucesso reprodutivo. Eis as principais adaptações dos insectos a várias condições ambientais:

1. **Termorregulação**:

- **Termorregulação comportamental:** Os insectos regulam a temperatura corporal ajustando o seu comportamento, como por exemplo, aquecendo-se à luz do sol para se aquecerem, procurando sombra ou abrigo durante o calor, ou orientando o seu corpo para otimizar a absorção ou dissipação de calor.

- **Adaptações fisiológicas:** Alguns insectos têm adaptações fisiológicas como a coloração escura para absorver o calor (termorregulação), estruturas especializadas (asas, pêlos ou cutículas) para reduzir a perda de calor, ou alterações metabólicas para lidar com as flutuações de temperatura.

2. **Resistência à dessecação**:

- **Adaptações cuticulares:** Os insectos têm cutículas impermeáveis com camadas de cera (lípidos cuticulares) que reduzem a perda de água por evaporação, permitindo a sobrevivência em ambientes áridos.
- **Estratégias comportamentais:** Os insectos conservam a água reduzindo a atividade durante os períodos quentes e secos, procurando microhabitats húmidos ou adoptando padrões de atividade nocturna ou crepuscular para minimizar a perda de água.

3. **Conservação da água**:

- **Uso eficiente da água:** Muitos insectos possuem mecanismos eficientes para utilizar e conservar a água, tais como sistemas excretores eficientes (por exemplo, túbulos de Malpighi), sistemas respiratórios especializados (sistema traqueal) ou comportamentos como beber orvalho ou utilizar fontes de água como a seiva ou o néctar das plantas.
- **Estivação e dormência:** Alguns insectos entram em estivação (dormência de verão) ou diapausa durante os períodos secos,

reduzindo a atividade metabólica e as necessidades de água até que as condições se tornem novamente favoráveis.

4. **Adaptações respiratórias**:

- **Sistema traqueal:** Os insectos têm uma rede de tubos traqueais que fornecem oxigénio diretamente aos tecidos, aumentando a eficiência respiratória e permitindo a sobrevivência em diversos habitats, incluindo a água (insectos aquáticos) e grandes altitudes.

- **Espiráculos e comportamento espiral:** Os insectos podem regular as trocas gasosas abrindo ou fechando os espiráculos (aberturas no exoesqueleto), reduzindo a perda de água e controlando a absorção de oxigénio conforme necessário.

5. **Alimentação e utilização de nutrientes**:

- **Dietas diversas:** Os insectos adaptaram-se a diversas dietas, incluindo herbivoria, predação, necrófagos, detritívoros e parasitismo, com peças bucais especializadas, enzimas digestivas e estruturas intestinais para processar e utilizar diferentes fontes de alimento.

- **Relações simbióticas:** Muitos insectos formam relações simbióticas com microorganismos (por exemplo, bactérias intestinais) que ajudam na digestão, fixação de azoto ou desintoxicação de compostos vegetais.

6. **Voo e dispersão**:

- **Morfologia da asa:** Os insectos têm diversas morfologias de asas adaptadas a diferentes comportamentos de voo, incluindo planar, pairar, migração a longa distância e manobrabilidade rápida para escapar a predadores ou a condições adversas.

- **Estratégias de dispersão:** Os insectos dispersam-se através do voo, da dispersão pelo vento (balonismo), da foresia (boleia em hospedeiros) ou do transporte passivo, permitindo a colonização de novos habitats, a mistura genética e a resiliência das populações.

7. **Camuflagem e defesa**:

- **Coloração críptica:** Os insectos utilizam a camuflagem (coloração críptica) para se misturarem com o meio envolvente, evitando a deteção por predadores ou aumentando o sucesso da caça.

- **Defesas químicas:** Muitos insectos têm defesas químicas (por exemplo, toxinas, repelentes, feromonas) para dissuadir predadores, anunciar toxicidade (aposcmatismo) ou marcar territórios, contribuindo para a sua sobrevivência em diversos habitats.

8. **Estratégias de história de vida**:

- **Reprodução rápida vs. lenta:** Os insectos apresentam

estratégias reprodutivas diversas, com algumas espécies a investirem na reprodução rápida (r-strategistas) para explorar ambientes imprevisíveis, enquanto outras dão prioridade à longevidade e aos cuidados parentais (K-strategistas) para habitats estáveis.

- o **Flexibilidade do ciclo de vida:** Os insectos podem ter ciclos de vida flexíveis (polifenismo) com diferentes morfos ou fases de vida adaptados às mudanças sazonais, aos sinais ambientais (temperatura, fotoperíodo) ou à disponibilidade de recursos.

5.9. Interações inseto-ecossistema

As interações inseto-ecossistema desempenham um papel vital na formação dos ecossistemas, influenciando a diversidade de espécies, o ciclo de nutrientes, a polinização, o controlo de pragas e a estabilidade dos ecossistemas. Eis alguns aspectos fundamentais da forma como os insectos interagem com os ecossistemas:

1. **Polinização**:

- o **Serviço de ecossistema:** Os insectos, especialmente as abelhas, borboletas, traças e escaravelhos, são os principais polinizadores das plantas com flor, contribuindo para o funcionamento do ecossistema, a reprodução das plantas e a produção de alimentos.
- o **Diversidade vegetal:** A polinização por insectos aumenta a diversidade das plantas, facilitando a polinização cruzada, o intercâmbio genético e a adaptação, apoiando as comunidades vegetais e a resiliência dos ecossistemas.

2. **Ciclo de nutrientes**:

- **Decomposição:** Os insectos detritívoros, como os escaravelhos, as moscas e as térmitas, desempenham um papel crucial no ciclo de nutrientes, decompondo a matéria orgânica (plantas e animais mortos), libertando nutrientes e reciclando carbono, azoto e outros elementos.
- **Saúde do solo:** Os insectos contribuem para a saúde e a fertilidade do solo através da decomposição, libertação de nutrientes, arejamento do solo e interações microbianas, influenciando o crescimento das plantas e a produtividade do ecossistema.

3. **Predação e herbivoria**:

- **Regulação da população:** Os predadores de insectos, como as libélulas, joaninhas e aranhas, ajudam a controlar as populações de insectos herbívoros, mantendo o equilíbrio, reduzindo os surtos de pragas e evitando o sobrepastoreio ou a desfoliação.
- **Interações entre herbívoros e plantas:** Os insectos herbívoros, ao consumirem tecidos vegetais, influenciam a diversidade das plantas, a estrutura das comunidades e as adaptações (por exemplo, defesas das plantas, sinalização química), conduzindo a dinâmicas coevolutivas e a interações entre espécies.

4. **Dispersão de sementes**:

- **Conectividade do ecossistema:** Os insectos, como as formigas, as aves e os roedores, contribuem para a dispersão das sementes transportando-as para novos locais, promovendo a colonização das plantas, a mistura genética e a conetividade dos ecossistemas entre habitats.

- **Restauração de habitats:** Os insectos dispersores de sementes desempenham um papel na recuperação de habitats, na reflorestação e na recuperação de ecossistemas, ajudando a regeneração de plantas e dispersando sementes em áreas degradadas ou perturbadas.

5. **Detritivoria e Decomposição**:

   - **Reciclagem de nutrientes:** Os insectos detritívoros, como os escaravelhos do estrume, as térmitas e as larvas, decompõem a matéria orgânica (por exemplo, plantas mortas, resíduos animais), reciclam os nutrientes e aumentam a fertilidade do solo, contribuindo para o ciclo de nutrientes e a produtividade do ecossistema.

   - **Gestão de resíduos:** Os insectos que se alimentam de resíduos orgânicos (por exemplo, detritívoros, coprófagos) ajudam a gerir os resíduos orgânicos, a reduzir a poluição e a melhorar a saúde dos ecossistemas, acelerando a decomposição e a libertação de nutrientes.

6. **Parasitismo e Mutualismo**:

   - **Interações entre espécies:** Os insectos parasitas, como as vespas e as moscas parasitóides, regulam as populações de hospedeiros, influenciam a distribuição das espécies e contribuem para a dinâmica da cadeia alimentar, explorando os recursos do hospedeiro.

   - **Relações mutualistas:** Os insectos envolvem-se em interações mutualistas com plantas (polinização), fungos (micorrizas), bactérias (simbiose) e outros organismos, melhorando os serviços do ecossistema, a absorção de nutrientes e o funcionamento do ecossistema.

7. **Controlo de pragas**:

   - **Controlo biológico:** Os insectos predadores e parasitas são utilizados em estratégias de controlo biológico de pragas para gerir as pragas agrícolas, reduzir a dependência de pesticidas e promover práticas sustentáveis de gestão de pragas.
   - **Resiliência do ecossistema:** Os inimigos naturais das pragas contribuem para a resiliência dos ecossistemas, mantendo a biodiversidade, reduzindo os danos às culturas e apoiando os serviços ecossistémicos prestados por diversas comunidades de insectos.

5.10. Interação Homem-Inseto

As interações homem-inseto abrangem uma vasta gama de relações e impactos, tanto positivos como negativos, que ocorrem entre os seres humanos e várias espécies de insectos. Estas interações têm implicações significativas para o bem-estar humano, a agricultura, a saúde pública, os ecossistemas e a conservação da biodiversidade. Eis os principais aspectos das interações homem-inseto:

1. **Impacto agrícola**:

   - **Pragas das culturas:** Insectos como pulgões, escaravelhos, lagartas e gafanhotos podem danificar as culturas, levando a perdas de rendimento, redução da segurança alimentar e perdas económicas para os agricultores.

- **Gestão Integrada de Pragas (IPM):** Estratégias como o controlo biológico (utilizando inimigos naturais), práticas culturais, variedades de culturas resistentes e utilização criteriosa de pesticidas são utilizadas para gerir as pragas de insectos de forma sustentável, minimizando os impactos ambientais.

2. **Serviços de polinização**:
   - **Produção de alimentos:** Os insectos, especialmente as abelhas, as borboletas e as moscas, prestam serviços essenciais de polinização às culturas agrícolas, às árvores de fruto e às plantas selvagens, apoiando a produção de alimentos, a diversidade das culturas e o funcionamento dos ecossistemas.
   - **Declínio dos polinizadores:** As actividades humanas, a perda de habitat, a utilização de pesticidas, as alterações climáticas e as doenças ameaçam as populações de polinizadores, suscitando preocupações sobre o declínio dos polinizadores e o seu impacto na agricultura e na biodiversidade.
3. **Vectores de doenças**:
4. **Saúde pública:** Insectos como os mosquitos, as carraças e as moscas podem transmitir doenças aos seres humanos, ao gado e à vida selvagem, incluindo a malária, a dengue, o vírus Zika, a doença de Lyme e o vírus do Nilo Ocidental, o que realça a importância do controlo dos vectores e da vigilância das doenças.
   - **Doenças transmitidas por vectores:** Os esforços para controlar as doenças transmitidas por vectores envolvem a utilização de

insecticidas, a gestão do habitat, a vigilância dos vectores, a vacinação e a educação da comunidade para reduzir a transmissão de doenças e proteger a saúde pública.

5. **Insectos benéficos**:
   - **Controlo biológico:** Insectos predadores, parasitóides e insectos patogénicos são utilizados em programas de controlo biológico para gerir populações de pragas na agricultura, silvicultura e ambientes urbanos, reduzindo a dependência de pesticidas químicos e promovendo práticas sustentáveis de gestão de pragas.
   - **Polinizadores e serviços ecossistémicos:** Os insectos prestam serviços ecossistémicos como a polinização, a reciclagem de nutrientes, o arejamento do solo, a regulação das pragas e a conservação da biodiversidade, contribuindo para a saúde, a resiliência e o funcionamento dos ecossistemas.
6. **Impacto económico**:
   - **Insectos benéficos:** As abelhas, os bichos-da-seda e outros insectos benéficos contribuem para as economias através da produção de mel, da criação de seda, dos serviços de controlo biológico e dos serviços de polinização de culturas comerciais.
   - **Espécies invasivas:** Os insectos invasores, introduzidos acidental ou intencionalmente, podem ter impactos prejudiciais nos ecossistemas, na agricultura e na biodiversidade, conduzindo a perdas económicas, à degradação dos habitats e

à perturbação dos ecossistemas.

7. **Importância cultural e ecológica**:

   - **Importância cultural:** Os insectos têm significado cultural na arte, literatura, mitologia e tradições em todo o mundo, reflectindo diversas percepções culturais, simbolismo e valores associados aos insectos.

   - **Papéis ecológicos:** Os insectos desempenham papéis cruciais nos ecossistemas como presas, predadores, polinizadores, decompositores e recicladores de nutrientes, contribuindo para as redes alimentares, as interações entre espécies e os processos ecológicos.

8. **Conservação e sustentabilidade**:

   - **Conservação da biodiversidade:** Os esforços de conservação centram-se na proteção da diversidade de insectos, habitats e ecossistemas, abordando ameaças como a perda de habitat, a poluição, as alterações climáticas e as espécies invasoras para promover a conservação da biodiversidade e a resiliência dos ecossistemas.

   - **Práticas sustentáveis:** A agricultura sustentável, o planeamento urbano, o ordenamento do território e a gestão ambiental visam equilibrar as necessidades humanas com a conservação dos insectos, os serviços ecossistémicos e a sustentabilidade a longo prazo.

Capítulo 6. Evolução e Sistemática dos Insectos

A evolução dos insectos é uma viagem cativante que se estende por centenas de milhões de anos, mostrando as notáveis adaptações e diversificação destas criaturas fascinantes. Vamos aprofundar uma introdução à evolução dos insectos:

1. **Origens no tempo profundo**:
   - o Os insectos pertencem à classe Insecta do filo Arthropoda, um dos grupos de organismos mais diversificados e bem sucedidos da Terra.
   - o A sua história evolutiva começa há mais de 400 milhões de anos, durante o período Devoniano, marcando a sua transição da vida aquática para a vida terrestre.
2. **Adaptações iniciais**:
   - o Os primeiros insectos evoluíram provavelmente a partir de antepassados sem asas, desenvolvendo caraterísticas básicas como pernas articuladas, corpos segmentados e esqueletos externos (exoesqueletos) para apoio e proteção.
   - o Estas formas ancestrais prosperaram em ecossistemas antigos, adaptando-se a diversos habitats e sendo pioneiras em novos papéis ecológicos.
3. **A Ascensão das Asas**:
   - o Há cerca de 350 milhões de anos, durante o período Carbonífero, os insectos conheceram uma inovação fundamental com a evolução das asas.

- As asas proporcionaram aos insectos a capacidade de voar, levando a oportunidades sem paralelo de dispersão, colonização e adaptação a ambientes variados.

4. **Diversificação e sucesso ecológico**:
   - Com o advento do voo, os insectos sofreram uma rápida diversificação, irradiando para uma miríade de formas, tamanhos e estilos de vida.
   - Exploraram nichos em florestas, prados, massas de água e até no subsolo, desenvolvendo comportamentos especializados, estratégias de alimentação e adaptações reprodutivas.
5. **Estratégias de adaptação**:
   - A evolução dos insectos é caracterizada por uma infinidade de estratégias adaptativas, incluindo a metamorfose (completa e incompleta), diversas peças bucais para se alimentarem de vários recursos e ciclos de vida complexos.
   - Estas adaptações permitiram aos insectos explorar uma vasta gama de fontes de alimento, fugir aos predadores, enfrentar os desafios ambientais e prosperar em ecossistemas em constante mudança.
6. **Dinâmica Co-evolutiva**:
   - Os insectos envolveram-se em intrincadas relações co-evolutivas com plantas, animais e microrganismos, moldando os ecossistemas e impulsionando a mudança evolutiva.
   - Os exemplos incluem interações planta-inseto (polinização, herbivoria), dinâmicas predador-presa e simbioses mutualistas

(por exemplo, relações polinizador-flor, mutualismos formiga-planta).

7. **Descobertas modernas**:
   - o Os avanços na biologia molecular, genética e paleontologia revolucionaram a nossa compreensão da evolução dos insectos.
   - o Estudos de fósseis antigos de insectos, genómica comparativa e análises filogenéticas continuam a desvendar a intrincada história evolutiva dos insectos.
8. **Significado e impacto**:
   - o A evolução dos insectos tem profundas implicações para a ecologia, a agricultura, a medicina e a sociedade humana.
   - o Contribuem para o funcionamento dos ecossistemas, para a polinização das culturas, para o controlo biológico das pragas, para o ciclo dos nutrientes e servem de organismos-modelo para a investigação científica.

Em conclusão, a evolução dos insectos é uma saga cativante de inovação, adaptação e diversificação que moldou os ecossistemas terrestres e influenciou a vida na Terra de inúmeras formas. A exploração do percurso evolutivo dos insectos permite compreender as maravilhas da seleção natural, a resiliência ecológica e a espantosa diversidade de formas de vida no nosso planeta.

6.1. Diversificação e adaptações dos insectos

A diversificação e as adaptações são aspectos fundamentais da evolução dos insectos, permitindo-lhes prosperar em diversos habitats e papéis ecológicos. Aqui está uma exploração destes temas:

1. **Nichos ecológicos**:

    - **Diversidade de habitats:** Os insectos ocupam uma grande variedade de habitats, incluindo ambientes terrestres, aquáticos, aéreos e subterrâneos.

    - **Funções Ecológicas:** Desempenham diversos papéis como herbívoros, predadores, necrófagos, polinizadores, detritívoros, parasitóides e simbiontes, contribuindo para o funcionamento do ecossistema e para o ciclo de nutrientes.

2. **Adaptações morfológicas**:

    - **Estrutura do corpo:** Os insectos apresentam diversas formas corporais, tamanhos, cores e apêndices adaptados a funções específicas como a alimentação, a locomoção, a reprodução, a defesa e a comunicação.

    - **Asas e voo:** A evolução das asas e as adaptações ao voo facilitaram a dispersão dos insectos, a colonização de novos habitats, a fuga aos predadores e o acesso a recursos.

3. **Adaptações fisiológicas**:

    - **Termorregulação:** Os insectos desenvolveram mecanismos de termoregulação para lidar com as flutuações de temperatura, incluindo comportamentos de arrefecimento e adaptações fisiológicas para tolerância ao calor ou ao frio.

    - **Conservação da água:** As adaptações cuticulares, os sistemas excretores eficientes (por exemplo, os túbulos de Malpighi) e os comportamentos (por exemplo, a procura de micro-habitats húmidos) ajudam os insectos a conservar a água em ambientes áridos ou com stress hídrico.

4. **Estratégias de alimentação**:

   - **Herbivoria:** Os insectos desenvolveram peças bucais especializadas (por exemplo, mandíbulas, probóscide) e sistemas digestivos para se alimentarem de tecidos vegetais, néctar, pólen, seiva ou detritos, adaptando-se a uma vasta gama de recursos vegetais.
   - **Predação:** Os insectos predadores possuem adaptações para caçar, capturar, imobilizar e consumir presas, incluindo peças bucais afiadas, órgãos sensoriais, secreções venenosas ou adesivas e comportamentos furtivos.

5. **Caraterísticas da história de vida**:

   - **Metamorfose:** A evolução da metamorfose (completa e incompleta) permite que os insectos explorem diferentes nichos e recursos ao longo das fases da vida, reduzindo a competição e maximizando a sobrevivência e o sucesso reprodutivo.
   - **Estratégias de reprodução:** Os insectos apresentam diversas estratégias de reprodução, incluindo comportamentos de acasalamento, rituais de cortejamento, cuidados parentais, estratégias de oviposição e adaptações para a dispersão da descendência.

6. **Mecanismos de defesa**:

   - **Defesas químicas:** Muitos insectos produzem substâncias químicas de defesa (por exemplo, toxinas, repelentes, feromonas) para dissuadir os predadores, anunciar a sua falta de palatabilidade ou assinalar o perigo para os co-específicos.

- **Defesas físicas:** As defesas físicas como a camuflagem, o mimetismo, os espinhos, os pêlos ou a coloração de aviso (aposematismo) ajudam os insectos a evitar a predação, a misturar-se com o seu ambiente ou a avisar os potenciais predadores das suas defesas.

7. **Adaptações comportamentais**:

   - **Comportamentos sociais:** Os insectos sociais (por exemplo, formigas, abelhas, térmitas) apresentam estruturas sociais complexas, divisão de trabalho, comportamentos cooperativos (por exemplo, procura de alimentos, construção de ninhos, defesa) e sistemas de comunicação (feromonas, vibrações, danças) que aumentam o sucesso e a sobrevivência da colónia.
   - **Migração e Dispersão:** Os insectos utilizam a migração, a dispersão, pistas de orientação (por exemplo, navegação celeste, pontos de referência) e comportamentos inatos (por exemplo, filopatria natal, voos de orientação) para explorar novos habitats, encontrar parceiros, escapar a condições adversas ou evitar a concorrência.

8. **Adaptações genéticas e moleculares**:

   - **Diversidade genética:** Os insectos possuem uma elevada diversidade genética, permitindo uma rápida adaptação a ambientes em mudança, resistência a pragas ou agentes patogénicos, eventos de especiação e inovações evolutivas.
   - **Mecanismos moleculares:** As adaptações moleculares (por exemplo, expressão de genes, estrutura de proteínas, vias

metabólicas) estão na base das caraterísticas, comportamentos, processos fisiológicos e respostas dos insectos a estímulos ambientais.

Estas diversas adaptações e estratégias realçam a resiliência evolutiva, o sucesso ecológico e a versatilidade dos insectos na superação de diversos desafios ambientais, na exploração de recursos e na formação de ecossistemas em todo o mundo.

6.2. Classificação taxonómica dos insectos

A classificação taxonómica dos insectos segue um sistema hierárquico baseado nas suas relações evolutivas, caraterísticas morfológicas, papéis ecológicos e semelhanças genéticas. Aqui está uma visão geral da hierarquia taxonómica dos insectos:

1. **Filo: Arthropoda**
    - Os insectos pertencem ao filo Arthropoda, que inclui diversos grupos como os aracnídeos (aranhas, escorpiões), os crustáceos (caranguejos, lagostas), os miriápodes (centopeias, milípedes) e os insectos.
    - Os artrópodes são caracterizados por corpos segmentados, apêndices articulados, exoesqueletos e um sistema nervoso ventral.
2. **Classe: Insectos**
    - Os insectos constituem a classe Insecta do filo Arthropoda.
    - Caracterizam-se por três regiões corporais distintas (cabeça, tórax, abdómen), seis patas, dois pares de asas (se presentes), olhos compostos, antenas e várias peças bucais adaptadas à

alimentação.

3. **Encomendas**

- Os insectos são ainda classificados em várias ordens com base em caraterísticas morfológicas e comportamentais distintas. Algumas das principais ordens incluem:
    - Coleópteros (escaravelhos): A maior ordem com diversas formas, asas anteriores duras (élitros), peças bucais mastigadoras.
    - Lepidópteros (traças, borboletas): Escamas nas asas, probóscide enrolada para se alimentar de néctar.
    - Dípteros (moscas, mosquitos): Um par de asas, asas posteriores modificadas em halteres, peças bucais sugadoras ou perfuradoras.
    - Hymenoptera (formigas, abelhas, vespas): Asas membranosas, comportamento social, muitas vezes com estruturas urticantes.
    - Hemiptera (insectos verdadeiros): Partes bucais perfurantes-sugadoras, asas anteriores metade coriáceas e metade membranosas.
    - Orthoptera (gafanhotos, grilos): Pernas traseiras fortes para saltar, peças bucais mastigadoras.
    - Odonata (libélulas e libelinhas): Olhos grandes, abdómen comprido, grande capacidade de voo.
    - Isoptera (térmitas): Insectos sociais, peças bucais

mastigadoras, hábitos alimentares na madeira.

- Neuroptera (crisopídeos, antílopes): Asas delicadas com venação intrincada, larvas predadoras.

4. **Famílias, géneros e espécies**

   - Cada ordem de insectos é ainda dividida em famílias, géneros e espécies com base em caraterísticas morfológicas, genéticas e ecológicas específicas.
   - As famílias representam grupos de géneros estreitamente relacionados, enquanto os géneros englobam espécies relacionadas com caraterísticas comuns.
   - As espécies são as unidades básicas de classificação, representando populações distintas capazes de se cruzar e produzir descendentes férteis.

A classificação taxonómica fornece um quadro sistemático para organizar e estudar a imensa diversidade de espécies de insectos, compreender as suas relações evolutivas, papéis ecológicos e contribuições para os ecossistemas e as sociedades humanas. Os avanços nas técnicas moleculares, na filogenética e na genómica comparativa continuam a aperfeiçoar a nossa compreensão da taxonomia e da história evolutiva dos insectos.

Processos evolutivos dos insectos

Os processos evolutivos dos insectos conduziram à sua incrível diversidade, sucesso ecológico e adaptação a vários ambientes. Eis os principais processos evolutivos que moldaram a evolução dos insectos:

1. **Seleção natural**:

- A seleção natural é um processo evolutivo fundamental através do qual os indivíduos com caraterísticas vantajosas para a sobrevivência e reprodução têm maior probabilidade de transmitir os seus genes à geração seguinte.
- Nos insectos, a seleção natural actua sobre caraterísticas como a forma do corpo, a coloração, a estrutura das asas, as adaptações alimentares, as estratégias de reprodução e os comportamentos, conduzindo a adaptações que melhoram a aptidão em ambientes específicos.

2. **Variação genética**:
   - A variação genética nas populações de insectos resulta de mutações, recombinação genética, fluxo genético e deriva genética.
   - Esta variação fornece a matéria-prima para a evolução, permitindo que os insectos se adaptem a condições ambientais variáveis, explorem novos recursos e respondam a pressões selectivas.
3. **Radiação adaptativa**:
   - A radiação adaptativa refere-se à rápida diversificação de uma linhagem em múltiplos nichos ecológicos, muitas vezes na sequência da colonização de novos habitats ou da evolução de inovações fundamentais.
   - Os insectos sofreram radiações adaptativas, diversificando-se em numerosas ordens, famílias, géneros e espécies com adaptações especializadas para diferentes estilos de vida, dietas, habitats e estratégias reprodutivas.

8. **Isoptera (Térmitas)**:

- o Insectos sociais com sistemas de castas (trabalhadores, soldados, indivíduos reprodutores).
- o Aparelhos bucais mastigadores para se alimentarem de madeira e celulose.
- o Papéis ecológicos: Decompositores de material vegetal morto, importantes no ciclo de nutrientes e como pragas de estruturas de madeira.

9. **Neuroptera (crisopídeos, antílopes)**:

- o Asas delicadas com venação intrincada e membranas transparentes.
- o Insectos predadores com antenas longas, grandes olhos compostos e corpos delicados.
- o Papéis ecológicos: Predação de pequenos insectos, controlo biológico de pragas e polinização.

Estes grupos-chave de insectos representam uma fração da imensa diversidade da classe Insecta. Apresentam uma vasta gama de adaptações, papéis ecológicos e interações com outros organismos, realçando a importância dos insectos nos ecossistemas e nas sociedades humanas

6.3. Paleontologia e registo fóssil

A paleontologia e o registo fóssil fornecem informações valiosas sobre a história evolutiva, a diversificação e as adaptações dos insectos ao longo de milhões de anos. Eis alguns pontos-chave sobre a paleontologia e o registo fóssil dos insectos:

1. **Origens Antigas**:

   - Os fósseis de insectos remontam ao período Devoniano, há cerca de 400 milhões de anos, sendo os primeiros organismos semelhantes a insectos conhecidos os peixes-prata e as caudas de cerdas.
   - As provas fósseis indicam que os insectos evoluíram a partir de antigos artrópodes terrestres, transitando de ambientes aquáticos para terrestres.

2. **Preservação**:

   - Os fósseis de insectos são frequentemente preservados em rochas sedimentares, âmbar e resinas vegetais fossilizadas (copal, âmbar), fornecendo registos detalhados da morfologia, comportamentos e interações ecológicas de insectos antigos.
   - A preservação excecional no âmbar pode capturar tecidos moles, asas, pêlos e até comportamentos como acasalamento, alimentação e interações predador-presa.

3. **Principais jazidas de fósseis**:

   - Os Lagerstatten (singular: Lagerstatte) são sítios de fósseis conhecidos pela sua excecional preservação e diversidade. Os exemplos incluem o xisto de Burgess (Cambriano), o calcário de Solnhofen (Jurássico) e a formação de Green River (Eocénico).
   - Estes depósitos de fósseis produzem espécimes de insectos bem preservados, juntamente com outros organismos, oferecendo uma visão sobre ecossistemas antigos e processos evolutivos.

4. **Transições evolutivas**:

   - O registo fóssil revela transições evolutivas fundamentais na história dos insectos, como o desenvolvimento das asas, a evolução da metamorfose (completa e incompleta), a diversificação das peças bucais e as adaptações a diversos habitats.
   - Os fósseis de transição documentam as mudanças graduais na morfologia, nos ciclos de vida e nas estratégias ecológicas dos insectos ao longo de escalas de tempo geológicas.

5. **Ancient Insect Diversity (Diversidade de insectos antigos)**:

   - Os insectos fossilizados apresentam uma grande variedade de formas, tamanhos e papéis ecológicos, incluindo parentes antigos de ordens de insectos modernos (por exemplo, escaravelhos, libélulas, formigas).
   - Grupos de insectos extintos, tais como libélulas gigantes (Meganeura), escaravelhos antigos (por exemplo, Protocoleoptera) e polinizadores primitivos (por exemplo, espécies de abelhas extintas), revelam a diversidade e as adaptações da fauna de insectos antiga.

6. **Insights sobre o comportamento e a ecologia**:

   - Os rastos fossilizados, as tocas, os coprólitos (excrementos fossilizados) e as interações inseto-planta fornecem provas de comportamentos antigos dos insectos, hábitos alimentares, locomoção e relações ecológicas.
   - Os estudos paleoecológicos reconstroem antigas redes

alimentares, interações tróficas e condições ambientais com base em fósseis de insectos e organismos associados.

7. **Alterações climáticas e ambientais**:
   - Os fósseis de insectos servem como indicadores de condições climáticas passadas, preferências de habitat e respostas a alterações ambientais (por exemplo, flutuações de temperatura, alterações do nível do mar, eventos geológicos).
   - O estudo de grupos de insectos fossilizados ajuda a compreender como os insectos se adaptaram, migraram ou se extinguiram em resposta a mudanças ambientais passadas.
8. **Técnicas modernas**:
   - Os avanços nas técnicas de imagiologia (por exemplo, tomografia computorizada, imagens de sincrotrão) e a análise molecular de ADN antigo (aDNA) de insectos fossilizados oferecem novas vias para o estudo da biologia, genética e relações evolutivas de insectos antigos.

6.4. Sistemática moderna

A sistemática moderna dos insectos envolve uma abordagem abrangente para classificar e compreender as suas relações evolutivas, diversidade e papéis ecológicos. Eis os principais aspectos da sistemática moderna dos insectos:

1. **Classificação baseada na morfologia**:
   - A taxonomia tradicional dos insectos baseia-se em caracteres morfológicos como a estrutura do corpo, a venação das asas, as peças bucais, as antenas, as patas e os órgãos genitais.

- A anatomia comparada e os estudos morfológicos detalhados ajudam a distinguir ordens, famílias, géneros e espécies de insectos com base em caraterísticas de diagnóstico.

2. **Sistemática molecular**:
   - As técnicas moleculares, incluindo a sequenciação de ADN, a filogenómica e a análise do relógio molecular, revolucionaram a sistemática dos insectos.
   - Os dados moleculares (por exemplo, sequências de ADN de genes mitocondriais e nucleares) fornecem informações sobre relações genéticas, tempos de divergência e história evolutiva entre taxa de insectos.
   - As árvores filogenéticas geradas a partir de dados moleculares ajudam a reconstruir a árvore evolutiva dos insectos, resolvendo relações a diferentes níveis taxonómicos e clarificando padrões evolutivos.
3. **Abordagens integradas**:
   - A sistemática moderna integra frequentemente dados morfológicos, moleculares, ecológicos e comportamentais para aperfeiçoar a classificação dos insectos e as relações filogenéticas.
   - As análises combinadas consideram tanto as semelhanças genéticas (homologia) como a convergência (caraterísticas análogas) para inferir o parentesco evolutivo e a ascendência comum.
4. **Hierarquias taxonómicas**:
   - A classificação dos insectos segue um sistema hierárquico, com ordens, famílias, géneros e espécies que representam níveis cada

vez mais específicos de agrupamento taxonómico.

- A classificação de nível superior (ordens, famílias) baseia-se frequentemente em caraterísticas partilhadas por vários sistemas corporais, enquanto a classificação de nível inferior (espécies, géneros) considera pormenores mais finos de morfologia, genética e ecologia.

5. **Ferramentas taxonómicas**:
   - Chaves taxonómicas, atlas, colecções de museus, bases de dados digitais (por exemplo, GBIF, NCBI) e recursos em linha (por exemplo, BugGuide, Encyclopedia of Life) ajudam na identificação de espécies, investigação taxonómica e partilha de dados entre cientistas e entusiastas.
   - O código de barras do ADN, que utiliza regiões de genes normalizados (por exemplo, o gene COI), facilita a identificação rápida das espécies e a avaliação da biodiversidade, nomeadamente no caso de espécies crípticas ou morfologicamente semelhantes.
6. **Nomenclatura filogenética**:
   - A sistemática filogenética utiliza a análise cladística para inferir relações evolutivas e definir grupos monofiléticos (clados) com base em caracteres derivados partilhados (sinapomorfias).
   - As classificações cladísticas visam refletir a história evolutiva e a ascendência comum, assegurando que os grupos taxonómicos são monofiléticos (compreendendo um antepassado comum e

todos os seus descendentes).

7. **Hipóteses evolutivas**:

   - Os sistematas desenvolvem e testam hipóteses evolutivas utilizando métodos filogenéticos, análises comparativas, provas fósseis, padrões biogeográficos e dados ecológicos.
   - O teste de hipóteses envolve a avaliação de hipóteses filogenéticas concorrentes, a avaliação da evolução dos caracteres, a inferência de estados ancestrais e a incorporação de dados de diversas fontes para reconstruir cenários evolutivos.

Referências

1) Aristóteles. (2004). *The Complete Works of Aristotle: The Revised Oxford Translation* (J. Barnes, Ed.).

2) Quine, W. V. O. (1969). *Ontological Relativity and Other Essays [Relatividade Ontológica e Outros Ensaios].*

3) Gruber, T. R. (1995). "Toward Principles for the Design of Ontologies Used for Knowledge Sharing". *International Journal of Human-Computer Studies,* 43(5-6), 907928.

4) Guarino, N. (1998). "Ontologia Formal em Sistemas de Informação". In *Proceedings of FOIS98* (pp. 3-15).

5) Smith, B. (2003). *Ontologia* (Vol. 1). Blackwell Publishing.

6) Sowa, J. F. (2000). *Representação do conhecimento: Logical, Philosophical, and Computational Foundations.*

7) Gruber, T. R., & Olsen, G. R. (1994). "Uma Ontologia para Matemática de Engenharia". Em *Actas da 11ª Conferência Nacional sobre Inteligência Artificial* (pp. 112-117).

8) Guarino, N., & Giaretta, P. (1995). "Ontologias e bases de conhecimento: Towards a Terminological Clarification". Em *Towards Very Large Knowledge Bases: Knowledge Building and Knowledge Sharing* (pp. 25-32).

9) Hayes, P. (1996). "Ontologias como base para a construção de bases de conhecimento partilhadas". Em *Knowledge Systems and Prolog: Actas da Quarta Conferência Internacional (KSL 91)* (pp. 199-220).

10) Studer, R., Benjamins, V. R., & Fensel, D. (1998). "Knowledge Engineering: Principles and Methods". *Data & Knowledge Engineering,* 25(1-2), 161-197.

11) Welty, C., & Guarino, N. (2001). "Towards Ontological Foundations for

Agent-Based Modeling". In *Proceedings of the Fifth International Conference on Autonomous Agents* (pp. 407-414).

12) Mizoguchi, R. (2004). "Tutorial sobre Engenharia Ontológica: Parte 1: Introdução à Engenharia Ontológica". *New Generation Computing,* 22(2), 115-128.

13) Borge-Holthoefer, J., & Moreno, Y. (2011). "Redes semânticas: Structure and Dynamics". *Entropy*, 13(3), 758-787.

14) Smith, B., & Mark, D. M. (2001). "Categorias geográficas: An Ontological Investigation". *International Journal of Geographical Information Science,* 15(7), 591612.

15) Noy, N. F., & McGuinness, D. L. (2001). "Ontology Development 101: A Guide to Creating Your First Ontology". *Relatório técnico do Laboratório de Sistemas de Conhecimento de Stanford KSL-01-05.*

16) Gruber, T. R. (1993). "Uma abordagem de tradução para especificações de ontologias portáteis". *Knowledge Acquisition*, 5(2), 199-220.

17) Guarino, N., & Welty, C. (2002). "Avaliando Decisões Ontológicas com OntoClean". *Communications of the ACM,* 45(2), 61-65.

18) Uschold, M., & Gruninger, M. (1996). "Ontologias: Principles, Methods and Applications". *Knowledge Engineering Review,* 11(2), 93-136.

19) Gangemi, A., Guarino, N., Masolo, C., & Oltramari, A. (2002). "Adoçando Ontologias com DOLCE". *Knowledge Engineering and Knowledge Management* (pp. 166-181).

20) McGuinness, D. L., & van Harmelen, F. (2004). "Visão geral da linguagem de ontologia da Web OWL". *Recomendação do W3C.*

21) Gómez-Pérez, A., Fernández-López, M., & Corcho, O. (2004). *Engenharia Ontológica: Com exemplos das áreas de Gestão do Conhecimento, Comércio Eletrónico e Web Semântica.*

22) Stojanovic, L., Stojanovic, N., & Maedche, A. (2001). "Manutenção de Ontologias Centrada no Utilizador". In *Proceedings of the 13th International Conference on Knowledge Engineering and Knowledge Management* (pp. 330-344).

23) Retor, A., Drummond, N., Horridge, M., Rogers, J., & Knublauch, H. (2004). "Pizzas OWL": Experiência prática de ensino de OWL-DL: erros comuns e padrões comuns". *Workshop de Linguagem WebOntology.*

24) Buitelaar, P., Cimiano, P., & Magnini, B. (2009). *Aprendizagem e População de Ontologias: Bridging the Gap between Text and Knowledge.*

25) Sure, Y., & Studer, R. (2002). "Metodologia e Ferramentas de Engenharia de Ontologias". Em *Handbook on Ontologies* (pp. 139-159).

26) Gruninger, M., & Fox, M. S. (1995). "Metodologia para a Conceção e Avaliação de Ontologias". *Workshop sobre Questões Ontológicas Básicas na Partilha de Conhecimentos.*

27) Gruninger, M., & Noy, N. F. (2004). "Ontologia e Web Semântica". *IEEE Intelligent Systems,* 19(6), 72-75.

28) Gangemi, A., & Mika, P. (2003). "Compreender a Web Semântica através de Descrições e Situações". *IEEE Intelligent Systems,* 18(1), 26-33.

29) Corcho, O., Fernández-López, M., & Gómez-Pérez, A. (2003). "Metodologias, Ferramentas e Linguagens para a Construção de Ontologias: Where is their Meeting Point?". *Data & Knowledge Engineering*, 46(1), 41-64.

30) Gruber, T. R. (1995). "Toward Principles for the Design of Ontologies Used for Knowledge Sharing". *International Journal of Human-Computer Studies*, 43(5-6), 907928.

Printed by Books on Demand GmbH, Norderstedt / Germany